本书获国家社科基金项目支持（项目编号：17BZS146）

新中国云贵地区

农田水利建设的记忆

1950—1976

李安峰◎编著

光明日报出版社

图书在版编目（CIP）数据

新中国云贵地区农田水利建设的记忆：1950—1976 / 李安峰编著 . -- 北京：光明日报出版社，2025. 1.
ISBN 978-7-5194-8400-2

Ⅰ. S279. 2

中国国家版本馆 CIP 数据核字第 20256M8Y40 号

新中国云贵地区农田水利建设的记忆：1950—1976

XINZHONGGUO YUNGUI DIQU NONGTIAN SHUILI JIANSHE DE JIYI：1950—1976

编　　著：李安峰

责任编辑：杨　茹　　　责任校对：杨　娜　乔宇佳
封面设计：中联华文　　责任印制：曹　净

出版发行：光明日报出版社
地　　址：北京市西城区永安路 106 号，100050
电　　话：010-63169890（咨询），010-63131930（邮购）
传　　真：010-63131930
网　　址：http://book.gmw.cn
E - mail：gmrbcbs@gmw.cn
法律顾问：北京市兰台律师事务所龚柳方律师

印　　刷：三河市华东印刷有限公司
装　　订：三河市华东印刷有限公司
本书如有破损、缺页、装订错误，请与本社联系调换，电话：010-63131930

开　　本：170mm×240mm
字　　数：190 千字　　　印　　张：12
版　　次：2025 年 1 月第 1 版　　印　　次：2025 年 1 月第 1 次印刷
书　　号：ISBN 978-7-5194-8400-2

定　　价：85. 00 元

前　言

水利，是人类在社会发展进程中根据时代和自然条件变化最大限度地利用水资源为人民服务，并尽可能减轻水患灾害提高经济生产水平的活动。农田水利是以灌溉为主、以增加粮食产量为目的的水利工程措施。在中国历史上，“水利”一词最早记载于战国末年吕不韦主持编撰的《吕氏春秋》，在《孝行览·慎人》篇中提到“掘地财，取水利”①。农田水利这一工程技术可以追溯到新石器时代，并随着人类对自然的开发利用而不断发展。我国是世界上水旱灾害频繁的国家，据史料记载，从公元前206年到1949年，2155年间，我国发生过较大的水灾1092次，较大的旱灾1056次，基本平均每年发生一次较大的水灾或者旱灾，给人民群众的生产生活带来极大困难。因此，我国是世界上从事水利建设最早的国家之一，大禹治水的故事家喻户晓。中国古代的农田水利技术遥遥领先，水利工程遍布各地，不仅减轻了水旱灾害，保证了百姓的生命安全，而且对经济社会发展和农业技术的进步起到了积极作用。可以说，中国的农业文明与人们的治水、用水活动息息相关，并伴随农田水利事业的发展不断进步。

2007年，我来到云南读书，在日常学习和乡村调研中逐渐接触了一些水利民工，他们曾经为新中国水利事业奉献了青春、做出了贡献，听他们讲述激情燃烧的岁月，回首治水的艰辛，感觉他们是最可爱的人。2010年，我来到贵州师范大学工作，贵州喀斯特地貌较为典型，降水丰沛，但工程性缺水较为严重，一些水利设施年久失修，有的乃至荒废，农业抵御旱涝灾害的能力不强，尤其在春秋旱灾和夏涝发生时，严重影响百姓日常

① 吕不韦．吕氏春秋［M］．高诱，注．上海：上海古籍出版社，1996：224.

生产生活，于是我把研究的视角从云南转移到贵州。这些年来，在调研走访的过程中，在与水利民工的交流中，从他们的谈吐回忆里也能感到水利在其心中的地位。新中国成立后，在党和政府的领导下，全国掀起了农田水利建设高潮，兴建了亿万件大中小水利工程，无数水利民工为此洒下了热血，奉献了青春，他们是水利战线上最可爱的人。我有责任和义务将他们的口述史料保存下来，去激励后人，让更多的人了解新中国水利建设史、云贵地区水利发展史。然而，遗憾的是，很多当年参加水利建设的民工已经80岁左右，他们有的记忆力不好、表达不清，有的已经去世，这就给口述史料的搜集整理带来一定困难，因此，只能最大可能、最大范围去寻找这些历史的见证者和亲历者，尽可能保存水利民工的口述史。

以新中国成立后云贵两省农田水利建设口述史料的搜集与整理为课题，得到国家社会科学基金支持后，我走访了贵州省的贵阳市、安顺市、遵义市、毕节市、铜仁市等地和云南省的昆明市、曲靖市、保山市、丽江市、玉溪市等地，查阅了大量档案文献，访谈了将近200位仍然健在的水利民工。为了寻找他们，我深入街头巷尾和村头田间，对他们进行采访，与他们进行座谈，聆听他们关于参与水利工程建设的亲身经历和所想所思，真实记录下他们催人泪下的事迹，中间也发生了许多感人的故事，让人感受到老一辈人善良和崇高的品德。在访谈和整理口述资料的过程中，我深深地被这些普通民工的故事所感动，他们朴实、勤劳、无私，他们为国家水利事业的发展贡献了青春热血，没有他们就没有水利基础设施面貌的根本扭转，没有他们就没有今天无数水利工程屹立在高原的景象。很有必要去把他们的历史记录下来，能为这些普通的水利民工做点力所能及的事情，能记录他们的历史和铭记他们的事迹，是我辈学者应该做的。

口述史已经越来越成为显学，目前，学界对口述史的搜集和运用以及理论架构已经趋于成熟，有关新中国成立后农田水利建设口述史料的搜集与整理已经取得了一定成果，但更多侧重领导干部、模范英雄和重要人物，普通水利民工而言则寥寥无几，尤其云贵两省这方面的口述史料搜集更是匮乏。通过口述史，“它可以给那些原来在历史上没有声音的普通人留下记录，可以给那些在传统史学中没有位置的事件开拓空间。从某种意义上可以说，传统史学主要是统治阶级、精英人物的领地，口述历史则向民众敞开了大门”①。在具体实践中我非常注重普通水利民工口述史料的搜集整理，根据云贵高原地貌特点，我们选取云南和贵州作为地域范围，在工程选取上坚持以蓄水工程为主、引水工程为辅；在人员选择上，坚持普通民众的视角，所采访的民工都是千百万普通的劳动者。在所采访的人员中，都是亲身参与水利建设的民工或者是因修水利而搬迁的移民，所讲述的事实要亲身经历和亲眼所见，确保口述的真实性。当然，很多老人由于年龄较大记忆力不清、表达不准、叙述逻辑混乱等，从访谈者总数中又删掉了一些人，而一些记不清的时间、地点和人物等，我们会与档案方志印证，或者再寻找互证者，尽最大可能力求准确。另外，云贵两省少数民族众多，方言较重，我们在口述史料的整理中除了个别方言做了白话的翻译，大都保持了原貌，确保“原汁原味”，贴近底层民众的表达。最后，我要感谢这些善良淳朴的老人，感谢他们的无私奉献，感谢他们曾经的青春热血，感谢他们耐心的回忆讲解，让我们年轻人对这段历史有了进一步认识。

作者于 2023 年 9 月 19 日

① 熊月之. 口述史的价值［J］. 史林，2000（3）：5.

目　录

CONTENTS

导论　云贵农田水利与口述史

一、云贵地区地质地貌和气候基本特征

云贵高原地处祖国西南，是我国四大高原之一，西起横断山、哀牢山，东至武陵山、雪峰山，北至大娄山，东西长约 1000 千米，南北宽 400~800 千米，总面积约 50 万平方千米。云贵高原属于亚热带季风气候，不同区域差别显著，这一地区石灰岩厚度大、分布广，经地表和地下水溶蚀作用，形成落水洞、漏斗、圆洼地、伏流、岩洞等地貌，是我国喀斯特地貌最为典型的地区之一。云贵高原少数民族众多，大杂居、小聚居，各民族的经济社会呈现一定的差异性，这里水资源丰富，但特殊的自然地理环境使其工程性缺水严重，历史上水利建设长期滞后于群众生产生活和社会发展需要。新中国成立后，在中国共产党领导下，云贵地区经过几次大规模农田水利建设，从根本上改变了水利基础设施长期落后的状态，为今天经济社会发展奠定了坚实的水源基础。本书主要选取云南和贵州两省作为农田水利建设口述史料搜集整理的研究地域范围，以 1950—1976 年作为时间段，地名以当时的名称为主。

（一）云南地质地貌和气候基本特征

云南简称“云”或“滇”，地处祖国西南，是云贵高原的重要组成部分，也是一个以高原和山地为主的边疆省份，高原和山地约占全省总面积的 94%。全省地势呈西北到东南逐渐下降的阶级趋势，地面海拔悬殊，最高点位于西北部的梅里雪山卡瓦格博峰，海拔 6740 米，最低处是河口县境内南溪河与红河交汇点，海拔 76.4 米。“东部属云贵高原的一部分，地面

波状起伏，高原面平均海拔从丽江的2400米左右渐次下降，到洱海、昆明、文山附近分别降至2000米、1800米、1500米左右。高原区内，普渡河以西，金沙江、元江之间为滇中红层高原，是澜沧江、元江和金沙江的分水岭地带，高原面平缓，分布许多较大盆地，如宾川坝、祥云坝、楚雄坝、禄丰坝等；滇东北为高原，以乌蒙山和五莲峰两大山脉为主体构成西南高、东北低的倾斜地形，两山之间保存着较平坦的高原面，其上分布有一些断陷盆地，最大的是昭鲁坝；高原以南，普渡河以东，路南至陆良以北为滇东岩溶高原，其中镶嵌着一系列南北向的构造盆地，经长期泥沙沉积形成广阔肥沃的坝子，如昆明坝、沾曲坝、陆良坝等，区内石灰岩广泛出露，岩溶地貌发育；路南至陆良以南为滇东南岩溶高原，峰林、溶洞、漏斗、地下河、岩溶盆地、溶蚀洼地分布普遍，高原面上有开阔的坝子如平远街坝、丘北坝、弥勒坝等。全省山地面积占土地总面积的84%，高原占10%，坝区（山间盆地）仅占6%，面积在1平方千米以上的坝子有1442个。”①

云南水资源丰富，河流众多，分别属于长江（金沙江）、珠江、红河、澜沧江、怒江和伊洛瓦底江六大水系，主要支流有180多条，其中怒江和伊洛瓦底江汇入印度洋，其他流入太平洋，流域面积在1000平方千米以上的河流103条，100平方千米以上的河流306条，全省水系的分布受到地质地貌构造的影响，呈现高原、山地、盆地等宽浅不一的形态，境内多年平均径流量2222亿立方米，全国排名第三位。由于受印度洋和太平洋季风影响，云南属于亚热带—热带高原型湿润季风气候，河流流量季节变化明显，全省河流以降水量辅给为主，“总的气候特点是干湿季节分明、垂直变化显著、类型多样。全省多年平均降水量1258毫米，集中在雨季，5—10月降水占年降水量的85%左右，干季11月至次年4月降水量仅占全年的15%。冬春干旱，尤其是春旱，是易发生的、影响范围较广的自然灾害。雨季，短历时、高强度的暴雨常带来洪涝灾害和引起水土流失。史料中有关干旱和洪水造成灾害的记载甚多。1950—1986年37年间，平均3年就有一大旱，一般年份耕地受旱面积在250万亩以上，易受旱的地方有

---

① 云南省地方志编纂委员会．云南省志·卷三十八·水利志［M］．昆明：云南人民出版社，1998：1.

大理州东部、楚雄州、东川市（今昆明市东川区）、曲靖地区、文山州、红河州北部等地。沿河滨湖地带洪涝灾害频繁，1950—1985年间，较大的洪涝灾害平均2~3年出现一次，洪灾发生较多的地方有昭通地区、东川市（今昆明市东川区）、曲靖地区、大理州西部、德宏州、文山州等地”①。全省地貌特征、气候特点和水系形态，使云南的水旱灾害发生频率比较高，给百姓生产生活造成的危害程度也比较大，在历年数据统计中，水旱灾害是造成全省损失最大的自然灾害，制约着粮食的稳产和增产，这也使当地农田水利建设在工农业生产和抵御水旱灾害的过程中显得尤为重要，成为保障全省经济社会发展和人民生命财产安全的基本措施。

（二）贵州地质地貌和气候基本特征

贵州简称“黔”或“贵”，处于云贵高原的东面，大部分地区海拔都在1000米以上，地势西高东低，地形也较为复杂，喀斯特地貌发育较为典型。这里属于北半球低纬度区域，是较为典型的亚热带湿润气候，冬无严寒，夏无酷暑。全省大部分地区平均气温在15℃左右，7月平均气温在22℃~26℃，1月平均气温在3℃~6℃，常有“一日之间，乍寒乍暖，一山有四季，十里不同天”的现象。贵州虽属内陆省份，但也深受海上暖湿气流北上的影响，年降水量常在1000~1400毫米范围内。由于受地形地势的影响，乌蒙山北坡降水量最少，而以苗岭的迎风坡区域较为丰沛。全省“各地降水日数多年平均值常在160~200天，超过全年天数一半的地方为数不少。省内绝大部分地区，冬半年降水日数不及年总降水日数的一半。夏半年，全省各地降水日数多超过全年的一半”②。在贵州，除了夏季洪涝灾害外，春旱和夏旱也比较普遍，“夏旱以东部和北部比较严重，超过30天的大旱出现频率达70%以上。春旱经常出现的地区主要限于西部毕节、大方、织金、紫云、罗甸一线以西各县，平均两三年就出现一次春旱”③。贵州除清水河发源于黔中、都柳江发源于黔南外，其余多发源于西部。河

① 云南省地方志编纂委员会．云南省志·卷三十八·水利志［M］．昆明：云南人民出版社，1998：2.

② 贵州省地方志编纂委员会．贵州省志·地理志：下册［M］．贵阳：贵州人民出版社，1988：798.

③ 陈履安．水与贵州［M］．贵阳：贵州教育出版社，2003：126.

流也较为密布，根据地貌形态顺地势向东、南、北展开，它们主要分属于长江和珠江流域，其中乌蒙、苗岭以北属于长江流域，面积为115747平方千米，包括横江、牛栏江水系，赤水河、綦江水系，乌江水系和沅江水系；以南属于珠江流域，面积为60381平方千米，包括南盘江水系、北盘江水系、红水河水系、柳江水系等，河流的年径流总量均值在1035亿立方米。

贵州主要由乌蒙山、老王山、大娄山、武陵山和苗岭五大山脉延伸构成，海拔基本在1000米以上。全省地貌以高原、山地为主，素有“地无三里平”之说，也是全国唯一一个没有平原支撑的省份，山地约占全省面积的61.7%，丘陵占30.8%，田坝占7.5%。贵州地貌不仅表现为高原、山地，而且这里也是我国乃至世界喀斯特岩溶发育较为典型的省份。除了黔东南和黔西北赤水一带分布较少外，其余地区都有不同发育程度的岩溶，其中碳酸盐岩裸露面积占全省总面积的61.9%。据统计，贵州“喀斯特面积比例超过80%的县（市、区）有南明、息烽等28个；面积比例超过70%的有都匀、凯里等共42个；面积比例超过60%的有威宁、紫云等共59个；面积比例超过50%的有铜仁、印江等合计68个，占全省的县市个数的79%。各地区中喀斯特面积比例较高的是中部的贵阳市，85.02%；南部的黔南自治州，81.53%；西部的毕节地区，73.34%；安顺市71.52%。其余地区依次为：遵义市65.78%；六盘水市63.18%；铜仁地区60.60%；黔西南自治州60.28%；黔东南自治州23.20%”①。这里喀斯特地貌地域分布不仅广泛，而且具有以下特点：“在岩溶发育区，因受地质构造和结构的控制，岩溶地貌与流水常态侵蚀地貌交错分布，致使岩溶分布具有明显的条带性；岩溶地貌类型齐全；岩溶具有向深性发育和迭置发育的特征。”② 喀斯特岩溶发育下，全省地下水蕴藏量较为丰富，以岩溶水为主，其水量约占该省地下水的80%，地下水与地表水互为补充构成了全省的总体水源量，但也正是由于特殊的地质地貌环境，使这里的水旱灾害发生频繁，工程性缺水严重，对水资源的开发和利用较难，技术要求比

① 林俊清．贵州喀斯特与非喀斯特地貌分布面积及其特征分析［J］．贵州教育学院学报（自然科学），2001（4）：45.

② 贵州省地方志编纂委员会．贵州省志·地理志：下册［M］．贵阳：贵州人民出版社，1988：717-718.

较高。

综上所述，云贵两省的水资源虽较为丰富，但在复杂的地理环境之下，历史上农田水利建设起步较晚、欠账较多，基础设施较为落后，抵御水旱灾害的能力较差，尤其在少数民族地区，工程小、质量差、简单分散、缺乏管理等，制约着当地农业发展和粮食的增产。通过上面介绍分析的气候、水系和地理环境特征，这一地区对水的利用存在诸多不利条件，降水量季节分布不均导致春旱夏涝灾害较为频繁和严重，资源性缺水较为突出。在喀斯特岩溶发育下地下水运动规律较为复杂，开发难度大、技术性要求高，再加上这里水土流失严重、植被少、蓄水保水能力差等因素，致使农田水利在云贵地区社会经济发展尤其在农业生产中具有举足轻重的地位，可称为“命脉”。

二、云贵地区农田水利建设的艰巨性

历史上，云贵两省由于自然地理环境的限制和生产力的落后，农田水利基础设施较为落后，特殊的喀斯特地貌导致工程性缺水严重，农田水利建设任务异常艰巨。

（一）地质地貌复杂，工程性缺水严重

云贵两省是我国喀斯特地貌最为典型的地区，云南东部和贵州大部也是世界最大的喀斯特地区，这里石灰岩厚度大，经地表水和地下水的腐蚀，形成了漏斗、岩洞、天生桥、圆洼地等地貌。由于这种特殊的地貌，天上的水蓄不了，地上的水存不住，地下水用不上，加上山地沟壑崎岖不平、地形破碎和水资源的时空分布不均衡，农田水利建设的技术要求较高、工程难度系数较大，虽然当地水资源较为丰富，但限于技术和资金等因素，工程建设落后于实际的需要，长期以来工程性缺水一直是当地发展的瓶颈。在特殊地貌环境下，水流的方向与地势的走向大体呈现一致性，同时，由于人们居住的环境较为分散，在一些少数民族聚居的地方技术水平更为落后，所以工程性缺水难题一直困扰着该地区。历史上，这里水利建设起步较晚，因生产力条件的限制和自然环境的制约，大部分工程比较小，简单分散，质量较差，没有形成统一的灌溉防洪体系，不可能从根本上扭转工程性缺水的局面。同时复杂的地质地貌也使该地水旱灾害频繁，

水土流失严重，新中国成立后的历次水旱灾害就充分暴露出云贵两省农田水利建设的短板。因此，云贵地区复杂的自然地理环境导致的工程性缺水，一直是农田水利建设迫切需要解决的首要问题。

（二）历史欠账较多，基础设施需要不断夯实

如上所述，特殊的地貌环境和闭塞的交通，在技术条件落后和缺乏有效组织之下，云贵地区农田水利建设长期处于低水平，虽然历史上有所发展，但基本以小型水利和灌溉为主，有水窖、水池、水塘、短窄的引水渠工程。在边远的少数民族地区，水利基础设施更为落后，农田有效灌溉面积一直处于较低的状态，抵御水旱灾害的能力差。两省都没有形成较为完整的灌溉体系，很难解决人畜和农业用水问题，尤其具有先进技术和较大规模的水利工程更是寥寥无几。据统计，到 1949 年，云南“全省蓄水容积在 100 万立方米以上的水库仅 6 座，流量 0. 3 立方米每秒以上的引水工程共 105 处，小型蓄水、引水工程 7 万处，机电排灌总装机容量 2367 千瓦，全省灌溉面积只有 364 万亩”①。贵州到 1949 年为止，“全省塘库总蓄水量只有 2133 万立方米，蓄、引、提各类水利工程总计有效灌溉面积为 206. 5 万亩，其中保证灌溉面积 148 万亩，仅占当时全省稻田面积的 12. 1%，其余基本上是‘靠天吃饭’的‘望天田’”②。可以看出，云贵两省历史上的水利基础设施较为落后，有效灌溉保证面积少，很难抵御水旱灾害，成为农业生产的短板。新中国成立之后，经过几次大规模的农田水利基础设施建设，两省基本形成了较为系统的灌溉防洪体系，但是由于工程性缺水一直困扰着当地的发展，农田水利基础设施仍需要不断夯实。

（三）农田水利建设要处理好民族之间的关系

云贵两省是少数民族最多的地区，其中云南是我国少数民族最多的省份，共有 25 个少数民族，贵州世居少数民族有 18 个，各民族交错分布，大杂居、小聚居，有的少数民族住在坝子和平地，有的住在山地和丘陵地带，虽然生活方式、聚住环境、民族信仰、宗教文化等不同，但他们共同

---

① 云南省地方志编纂委员会．云南省志・卷三十八・水利志［M］．昆明：云南省人民出版社，1998：3.

② 贵州省地方志编纂委员会．贵州省志・水利志［M］．北京：方志出版社，1997：6.

推动了当地经济社会的发展。少数民族聚居地大都以农业为主，耕地的有效灌溉和农村人畜饮用水显得非常重要，由于农田水利建设牵涉资金、技术、占地、劳力、移民等问题，在建设的过程中必须充分处理好这些关系，尤其涉及民族之间的问题更要慎重。历史上，因水资源而产生的民族纠纷和械斗时有发生，不仅破坏民族关系，影响民族团结，也很大程度上阻碍了当地农业发展。如果处理不好用水和移民占地，势必影响民族和谐与社会稳定。所以，云贵两省农田水利建设的艰巨性最重要的一点就是要正确处理好民族之间的关系，尤其民族地区的水利建设，必须制定科学合理有效的方针政策，在资金投入、人才队伍建设、重点工程建设、管理养护和生态治理上适当偏斜，并在移民占地、水资源分配、水利改革管理等问题上妥善处理，确保民族团结和社会稳定。

三、云贵地区农田水利建设的重要性

农田水利是农业之命脉，粮食增产之保障，农村人畜用水的主要来源，在抵御水旱灾害、保护生态环境、促进粮食增产丰收中起到很重要的作用。大量的事实和实践证明，农田水利是经济和社会发展的基础，影响着经济社会的发展变化。

（一）抵御水旱灾害的重要屏障

因自然地理环境和气候的影响，云贵两省多种自然灾害频发，水灾与旱灾是影响该地经济社会发展的主要灾害。据相关资料统计，贵州“1950—1990 年，在农业总受灾面积中，旱灾占 45.8%，年均受旱灾农田面积 39.42 万公顷（591.3 万亩），成灾面积 26.56 万公顷（398.4 万亩）；水灾占 16.6%，年均受灾农田面积 14.32 万公顷（214.8 万亩），成灾面积 8.83 万公顷（132.5 万亩）。”① 云南 1950—1990 年 41 年间，“共发生大小洪灾和旱灾 75 年次，其中大小洪年 34 次，平均 1.2 年一次，大洪水年 15 次，平均 2.7 年一次；轻、重、极旱 41 年次，每年都发生，重极旱 16 年次，每 2.6 年一次。平均每年因水旱灾害受灾面积 507.2 万亩，成灾面积

---

① 贵州省防汛抗旱指挥部办公室，贵州省水文水资源局．贵州水旱灾害［M］．贵阳：贵州人民出版社，1999：1.

209.8万亩，受灾人口268.3万人，损失粮食28100万公斤”①。可见，水旱灾害是影响该地区的主要自然灾害，尤其旱灾的频繁发生对农业生产造成极大破坏，使农业减产，农民减收。在该特殊地貌的影响下，防治水旱灾害一般工程措施占主导，其中农田水利建设是关键，蓄水工程建设是基础。相关水利工程设施建设不仅能做到蓄水、引水、提水，确保在大旱发生时有水源可用，而且在洪涝发生时也可以做到排水、分水，以尽可能地减轻水旱灾害所造成的损失程度，所以，防旱治涝是相辅相成的，农田水利工程在中间起着承接的关键作用。

新中国成立后，云贵两地区的各级政府及当地群众非常重视农田水利在防旱治水中的重要地位，不仅加强了水利的规划和调查，兴建了一大批蓄水、引水和提水工程，而且不断强化对水利工程的管理和市场化改革，这些措施很大程度上缓解了水旱灾害所造成的不利影响，在抗旱排涝中起到了基础性的屏障作用。如贵州铜仁市沿河县，在官舟水库建成后，“3.5万多亩的灌区和3200多亩的易涝区，变成‘无雨能灌，水多能排’的工程体系，解除了旱涝灾害的危害”②。云南楚雄州毛板桥水库建成后，“灌区复种指数提高33%，粮食平均亩产提高61%，1984年灌区2.89万亩耕地（占全县耕地21.06万亩的13.7%）的粮食产量占全县粮食产量的28.6%”③。近年来，由于人口的不断增加和自然生态环境的破坏，水旱灾害发生的频度和波及的范围以及造成的损失呈逐年增长的状态，云贵两省的政府已经认识到这种局面的存在，投入了大量人力、物力和财力来兴修农田水利工程。如云南的兴水强滇战略、贵州黔中水利枢纽和“滋黔”水利工程的开展等，一批批骨干水源工程、引提灌工程和地下水利用工程的建设将增强该地区抵御水旱灾害的能力，进一步夯实农田水利的基础性地位。

① 云南省防汛抗旱总指挥部办公室，云南省水文水资源局．云南水旱灾害［M］．昆明：内部资料，1999：33.

② 铜仁地区地方志编纂委员会．铜仁地区志·水利电力志［M］．贵阳：贵州科技出版社，1999：87.

③ 楚雄彝族自治州水利水电局．楚雄州水利志［M］．楚雄：内部资料，1996：174.

（二）农村人畜饮用水的主要来源

水，是生命之源、生态之基，是人类生存和社会发展的根本性资源，由于水的时空分布和地域分布的不均衡性，人们对其索取和利用的难易度就存在着差异。云贵两地的自然地理环境以及社会经济长期落后，致使当地农村人畜饮用水存在困难多、难度大、缺水地区分布范围较广、乡村蓄水设施匮乏等不利因素。贵州和云南诸多农村都或多或少地存在饮用水困难，部分地区如石漠化较为严重的毕节赫章、黔西南望谟、安顺的长顺和紫云等县，云南滇东岩溶地区分布较广的县份，农村人畜饮用水短缺的程度在西南乃至全国也罕见，属于严重的缺水区。有学者对毕节撒拉溪示范区居民用水调查显示："示范区居民生活供水不稳定，季节性饮水困难。每年10月到次年4月为主要缺水期，居民主要依靠家庭水窖蓄水及异地取水维持。据调查，示范区54%的家庭冬旱季需定期到附近水源点取水；51%的家庭存在饮水困难问题，除冬旱季水量减少原因之外，还包括异地取水路程偏远，往返一次平均距离4000米，花费时间约2小时。"① 很多居民，尤其边远山区的农村，甚至跑到十多公里外的地区挑水，遇到旱灾就很难粮食丰收，尤其近些年来一些乡镇企业的发展用水量增多，以及部分地区的水质恶化，地下水污染严重，更加剧了饮用水的困难。

新中国成立后，云贵很多地区在农田水利建设中也着眼于解决农村饮水困难的问题。云南到1974年为止，全省"已解决124.47万人和79.31万头大牲畜的饮用水问题"②。1978年以后，云南省不断加大人畜饮用水解决的专项经费支持力度，大力兴修重点骨干水源工程、引水和提水工程，帮助农村建设水窖、水塘、饮水池、土井、地龙、管道、机井等供水设施，并派专人负责管理以确保饮用水安全，尤其在少数民族和边远山区，投资的力度是不断加大的。新中国成立后，贵州非常重视人畜饮水问题，各地结合农田水利建设，兴修了一批水源工程，如铜仁"1954年以后，结合兴修农田水利解决农村引水困难。到20世纪60年代末，共解决

① 石博，熊康宁，李高聪，等．贵州喀斯特山区农村缺水现状及对策研究：以毕节撒拉溪示范区为例［J］．人民长江，2014，45（5）：80.

② 云南省地方志编纂委员会．云南省志・卷三十八・水利志［M］．昆明：云南人民出版社，1998：321.

约20万人、10万头牲畜的吃水”①。贞丰县平袍引水灌溉工程，“工程自建成后还未竣工验收，已解决群众饮水4000人，牲畜饮水1620头”②。1992年年底，贵州已累计解决了565万人和368万头大牲畜的饮水困难，一些边远山区也初步用上了自来水。党的十八大以来，云贵两省在经济发展和技术进步的前提下，农田水利建设的步伐不断加快，一大批蓄水、引水、提水等各种类型的工程相继建成，不仅能为缺水地区储蓄水源，而且通过引水、提水工程的建设可以缩短用水的时间和路程，再加上相关配套建设如小水窖、水塘和渠道等，这样就形成一个覆盖面较广的水利灌溉及人畜用水网络，为当地工农业发展和居民用水提供了良好的水源保障。

（三）改善生态环境的必要条件

习近平总书记指出：“人因自然而生，人与自然是一种共生关系，对自然的伤害最终会伤及人类自身。只有尊重自然规律，才能有效防止在开发利用自然上走弯路。”③ 水是生态环境中的重要元素，它对生态的变化和质量有着直接影响，离开水，整个生态环境将不复存在。水的丰枯及质量都对生态环境产生重要的影响，兴修农田水利不仅可以调节水的时空和地域分布不均衡性，而且也可以进行水土保持，改善农业生产条件和创造良好的生态环境，对人类生存有重要意义。云贵两省的地貌特殊性使这里的生态环境相对脆弱，在复杂的地质结构和地貌形态下，地表土层贫瘠且保水蓄水能力差，加上水旱灾害的频繁发生导致水土流失现象和土壤石质的荒漠化现象非常严重。以贵州省为例，“水土流失面积20世纪50年代为2.5万平方千米；60年代为3.5万平方千米；80年代为5.0万平方千米；90年代增加到7.33万平方千米，占国土面积的41.62%。因水土流失造成的土地石质荒漠化问题十分严重”④。而云南省的水土流失和泥石流也非常严重，这种脆弱的生态环境给人们的生产生活带来了极大不便，甚至威胁

---

① 贵州铜仁地区地方志编纂委员会．铜仁地区志·水利电力志［M］．贵阳：贵州科技出版社，1999：148.

② 贵州黔西南自治州史志征集编纂委员会．黔西南布依族苗族自治州志·水利水电志［M］．贵阳：贵州人民出版社，1992：185.

③ 习近平．习近平谈治国理政：第二卷［M］．北京：外文出版社，2017：394.

④ 陈履安．水与贵州［M］．贵阳：贵州教育出版社，2003：213.

着一些地方居民的生命财产安全，同时也使当地农村人畜饮用水困难、农业基础设施薄弱、抵御旱涝灾害能力较差，很大程度上制约着经济发展。

在与脆弱的生态环境长期斗争的过程中，生活在这里的人们积累了丰富的实践经验和历史教训，其中农田水利在改善生态环境方面的积极意义已经被广泛接受并不断推广。传统社会，人们对生态环境的认识相对匮乏，在大量毁林开荒之下，水土流失严重。新中国成立后，人们对水土保持的重要性认识越来越深刻，云贵地区也着手开展水土流失治理，兴修了一系列蓄水、引水和提水等水利工程，不仅增强了抵御水旱灾害的能力，还调节了田地土壤的水分，对农田生态的改善发挥了不错的效用。同时，通过大力开展水土保持、不断退耕还林和加强植被保护，不仅增强了土壤蓄水保水的能力，而且一定程度上减少了洪涝灾害所造成的损失，有效地预防了水土流失。以云南为例，截至 2015 年，全省“累计综合治理小流域 9000 余条，兴建谷坊、拦沙坝 1.78 万座，新增拦沙库容 3.48 亿立方米，兴建塘坝、蓄水池等小型蓄水保土工程 52.05 万座，新增蓄水能力 4.82 亿立方米，减少土壤流失量 3.9 亿吨，森林覆盖率达到 55.7%，林草覆盖率达到 59.7%”①。再如贵州省的黔南州罗甸县在里博沟小流域治理的过程中，“使流域内恢复了生态平衡，农业生产条件得到了改善，农田土层增厚，土壤肥力和涵、蓄水能力提高。保证了农田灌溉，农民吃粮有了保障”②。可见，农田水利作为水土治理的重要一环，是改善生态环境的必要条件。

（四）农业生产和粮食增产的基础

中国是农业生产大国，农田水利在历朝历代统治者眼中非常重要，它是治理国家、安抚农民、抵御水旱灾害和发展农业所重视的主要对象之一，它的基础性地位也被几千年来广大群众的实践所检验。农业的兴衰、国家的繁荣、社会的稳定、经济的发展，很大程度上都与农田水利密切相关。所以，农业是国民经济的基础，农田水利是这个基础的生命之源。农

① 云南省水利厅关于云南省 2015 年水土流失调查结果的公告［EB/OL］. 云南省水利厅官网，2017-05-16.

② 黔南布依族苗族自治州史志编纂委员会. 黔南布依族苗族自治州志·水利电力志［M］. 贵阳：贵州人民出版社，2002：302.

田水利在预防旱灾和农田灌溉以及增加粮食产量方面具有积极的作用。笔者在贵州各地调研的过程中，发现很多群众对农田水利建设都持肯定态度，尤其与农业生产之间的关系上，贵州一位村小组组长说："我是支持政府兴修水利的，因为农民要种粮食没有水那就等于白忙活了，经过我们村的那个灌溉工程是新中国成立初期修建的，听老辈人讲以前这里粮食产量很低，发生旱灾时几乎会绝收，自从建好这个灌溉工程之后，用水方便多了，遇到旱灾也不愁没有水了，这些年加上化肥、农药等的使用，稻谷的亩产量不断增长。"① 云南红河哈尼族彝族自治州的一位水利民工回忆："这里干旱厉害，粮食产量低，政府为了改变这种面貌，就支持我们修建工农大沟，从外面引水过来，那时候条件艰苦得很，这条大沟前后修了很多年，一些地方是悬崖峭壁，难得很，如今大沟仍然在发挥作用，农田灌溉有保障了，吃水也不愁了，能不高兴嘛。"② 在一些边远山区，水地少、旱地多，水利设施对他们来说显得格外重要，如贵州黔西南兴西湖水库建成后，兴义县下五屯区"1984 年总产粮食 3500 多万公斤，其中水稻 2300 多万公斤，未修水库前的 1956 年，水稻总产量只有 632.5 万公斤，仅水稻就增产 3 倍多"③。民以粮为天，粮以水为生，农田水利在农业发展中的基础性地位更加凸显。

四、云贵地区农田水利建设的回顾

在漫长的历史岁月中，云贵高原因自然地理环境、交通、技术等的落后，开发较晚，农田水利建设起步也相对较迟，直到隋唐、两宋和明清时期，随着外来移民的大量迁入和技术引进，人们的治水意识和对水资源的开发逐渐提高，一些小型的堰塘和渠道修建起来，让水为人们所用。这里面凝聚着各族人民的智慧，既积累了治水经验，也改善了农业生产条件，但由于传统社会下制度、技术、资金和当地的环境因素制约，这一地区的

---

① 根据笔者 2012 年 7 月 23 日采访贵州省安顺市平坝县（今平坝区）黄土桥村村小组组长刘灿红的谈话记录整理。

② 根据笔者 2018 年 8 月 2 日采访云南省红河哈尼族彝族自治州新安所镇响水河村大园子李家荣的谈话记录整理。

③ 贵州省黔西南自治州史志征集编纂委员会．黔西南布依族苗族自治州志·水利水电志［M］．贵阳：贵州人民出版社，1992：104.

农田水利建设相比东部较为落后，反而又阻碍了农业的进一步发展。

（一）历史上云南省农田水利建设回顾

云南是中华文明最早的发祥地之一，这里发现的元谋人距今约170万年，全省各族人民共同创造了灿烂的历史文化。进入农耕社会后，如何利用好水资源成为人们比较关心的问题，进行小规模、简易的水利建设逐渐成为农业发展和抵御水旱灾害的重要手段。据史书《华阳国志·南中志》记载，新莽时期，文齐任朱提（今昭通）都尉时，“穿龙池，溉稻田，为民兴利”，调任益州太守后又“造起陂池，开通灌溉，垦田两千余顷”，这是有关云南最早的、规模最大的水利灌溉工程的记载。滇池地区曾经挖掘发现汉代的水田陂池模型。唐宋时期随着外来移民的迁入，带来了一些技术和劳动力，水利建设有所发展，据《南诏野史》记载，“会昌元年(841)，（劝丰）佑遣军将晟君筑横渠道，自磨用江至于鹤拓（今大理县），灌东皋及城阳田，与龙佉江合流于河，谓之锦浪江。又潴点苍山玉局峰顶之南为池，谓之高河，又名冯河，更导山泉共泄流为川，灌田数万顷，民得耕种之利”①。宋代开始修建金汁河、盘龙江两河堤，曲靖、昆明一带广泛引溪泉浇灌水田。元代时期，滇中水利开始开发，疏浚滇池出口海河口，在赛典赤倡导下修建松华坝引水工程，据考证，坝高有3~4米。同时，在赛典赤主持下增修金汁河，修建小闸10座，涵洞360个，还制定了“轮序放水，自上润下”的水规和“额立三百六十匹报马，三百六十名看守余丁，挑补修竣，不容怠缓”②的工程维修制度，这一时期水利工程建设的速度有所加快，人们也开始注重管理规章制度的制定。

明清是封建社会云南水利有较大发展的时期。明洪武二十九年(1396)，宜良县汤池渠建成，全长约30里，这是云南最早建成的远距离引水工程之一。宣德十年（1435），沾益州交水坝（石闸）工程建成，这是最早在南盘江上建成的石闸工程。景泰六年（1455），南坝闸改建工程完工，位于昆明城的南郊，具有分洪灌溉之利，同时，位于祥云县的宝泉

① 转引自云南省地方志编纂委员会．云南省志·卷三十八·水利志［M］．昆明：云南人民出版社，1998：8.

② 转引自云南省地方志编纂委员会．云南省志·卷三十八·水利志［M］．昆明：云南人民出版社，1998：9.

坝建成，是一蓄水工程。弘治年间，陈金任云南巡抚，在其任内制定了海口河大修、岁修条例，岁修每年一次，“每年三月，必挖海口”，并将工程量分由环湖的晋宁、昆阳、安宁、呈贡、昆明五州县承担。天启年间，天生坝东西二渠竣工，经过多次扩建，至今西渠仍能灌溉农田和菜地，影响深远。清代，云南农业耕种有所进步，与之相关联的水利建设也有所发展，康熙二十七年（1688），松华坝闸重建，三十二年（1693），元谋县苴那引水隧洞建成，至今仍在发挥作用。五十七年（1718），制定了异龙湖出口河道即海口河岁修及管理条例。雍正年间，鄂尔泰主持治理滇池海口河，并设专职和兼职水利官员。乾隆二年（1737），云南巡抚张允随为发展农业生产制定了十条措施，主要包括筋力勤健、妇子协力、耕牛肥壮、灌溉深透等。乾隆四十七年（1782），楚雄府治理龙川江，水患有所缓解。总之，明清时期，一些重要江河开始整治并初具规模，一些重要河道还制定了岁修制度，水利建设取得了一定成绩。近代以来，在半殖民地半封建社会下，由于战乱和时局不稳，云南水利事业发展相对缓慢，一些工程设施在动荡之下缺少维护和管理而渐趋荒废。不过，随着近代水利技术的传入，云南水利建设中开始出现传统和近代技术相结合的局面，修建了一些小型工程。例如，昆明螳螂川上的石龙坝水电站，是中国最早的水电站，1913 年昆明积善村建起了省内第一座电力排灌站，抗战时期还修建了砚山洞水库，这是当时全省规模最大的蓄水工程。1946 年建成的谷昌水库，省内首次采用浆砌石重力坝。总体上看，近代云南水利事业发展缓慢，规模小，简单分散，并没有大型的水利工程，1949 年全省灌溉面积才 364 万亩，蓄水容积在 100 万立方米以上的水库仅有 6 座，水利基础设施建设比较落后。

（二）历史上贵州省农田水利建设回顾

贵州历史上农田水利建设发展比较缓慢，现有史料中有关贵州水利的记载见于《史记·西南夷列传》，而在兴义挖掘的汉墓中，也曾出土池塘田园的模型，灌溉纵横，这说明在汉代贵州已有比较简单的水利灌溉设施。魏晋南北朝时期，很多汉族人民迁居到贵州，使这里得到了开发，并带来了相对先进的生产工具和技术，在黔东、黔北已经有大量的水田被开辟出来，据史书记载："有水田，少陆种，以置网为业。"① 唐代时，贵州小型的引水、蓄水工程开始逐步发展起来。唐僖宗乾符三年（公元 876 年），播州安抚使杨端，修筑了大水田堰，可蓄水几十万立方米，在当时是比较大的蓄水工程。两宋时期，江西、湖南、四川移民又大量涌入，既开垦了大量土地，也带来了水利建设的先进技术，其中桐梓县松坎堰是贵州发现年代最早的水利工程之一。明代在贵州建立了布政使司，并确立了军屯、民屯制度，这里的开发相比之前进入了一个较为繁荣的时期，一些较为先进的提水工具如筒车、龙骨车等被推广使用，改善了农业生产条件。明嘉靖十二年（1533），贵州按察司提调学校兼管屯田水利。明万历二十九年（1601），贵州巡抚郭子章在余庆县兴农垦、办水利，修建的雷公堰、赤水堰、正官堰等水利设施有力促进了当地发展和开发。除此之外，贵阳的长丰堰、龙里的纸局坝、毕节的清水塘、平坝的东溪等水利工程也较为有名，是当时比较典型的水利工程设施。根据史料统计，有明确证明为明代修建的水利工程已遍及 17 个府、州、县、厅、卫，工程 38 处，而实际情况远不止这些，可以看出，明代贵州水利在工程建设方面比较繁荣，管理制度方面比较成熟。

清代在贵州推行"改土归流"政策，废除土司制度，强化中央对该地的直接管理，加上大量移民的涌入，农民开荒造田和兴修水利的积极性比较高。为发展农业，统治者制定了一些奖励兴修水利的措施，如乾隆五年（1740），贵州总督②张广泗在《黔省开垦田土、饲蚕纺绩、栽植树木》的奏折中提及"水田宜劝修渠堰"。"凡贫民不能修渠筑堰及有渠堰而久废者，令各业主通力合作，计灌田之多寡分别奖赏。如渠堰甚大，准借司库银修筑，其水源稍远，必由邻人与邻邑地内开渠者，官为断价值买，无许勒。"③ 这些措施有助于提高民间垦田、修水利的积极性，对于抵御旱涝灾害，促进农业发展有积极意义。该时期，贵州学政洪亮吉著的《贵州水道

① 贵州历史文献研究会．二十四史贵州史料辑录［M］．贵阳：贵州民族出版社，2001：212.

② 贵州总督在康熙元年（公元 1662 年）设置，之后时撤时置，至乾隆十二年（1747）最终废置。

③ 张广泗．黔省开垦田土、饲蚕纺绩、栽植树木［M］//《贵州六百年经济史》编辑委员会．贵州六百年经济史．贵阳：贵州人民出版社，1998：101.

考》，第一次较为全面地叙述了贵州的河流水系，这一时期修建的水利设施分布较为广泛，数量也较多，其中较为出名的有桐梓县戴家沟排洪隧洞、兴义纳省乡太平堰石堤渡槽等，也说明该时期人口增长的迅速和生产的繁荣。可以说，乾隆、嘉庆和道光年间，是传统社会贵州水利发展较为繁荣的一个阶段。近代以来，贵州由于局势动荡和长期战乱，农村的水利设施荒废而不兴，农业生产和水利技术一直处于停滞不前的状态。1938年，国民政府成立了贵州农田水利贷款委员会，贵州开始有了全国性的水利行政机构。同时，在水利建设中开始运用水文、地质勘测等近代技术，如兴修的小龙灌溉工程、涟江灌溉工程、乌当引水工程、石板引水工程等，尤其小龙灌溉工程，灌田6100亩，这是贵州第一座现代水利工程。新中国成立前夕，贵州塘库总蓄水量只有2133万立方米，有效灌溉面积仅为206.5万亩，除中曹、涟江等几处未完工的较大引水工程外，大多数都是技术简单、规模很小且较为简陋的水利工程，这些简陋的工程很难抵御水旱灾害。

（三）新中国成立后云南农田水利建设成就（1950—1976）

1950年2月，云南解放，百废俱兴。有关水利建设的方针政策是“原则以防洪为主及兴办小型水利工程，其次以调查1951年后应兴办之水利工程办法；在1951年2月开始健全组织，有计划有步骤发动群众岁修各河道，尤以洪泛较大的河流必须彻底修挖，并事先做好检查工作，事后亦必须有检查地总结经验教训，小型水利工程的兴修基本上应具有组织、有领导、有计划实施，人力财力集中，以群众力量为主的兴办，其次较大水利工程应注意选择、比较经济价值，分别缓急，呈报政府及时测量兴办”①。1951年2月14日，云南省人民政府发出了《关于1951年水利春修工程的指示》，“今年我省水利建设的方针……仍以防洪和灌溉为首要任务，有重点地兴办大型工程［当时的大型即为现在的中型，中型为现在的小（一）型，小型为小（二）型以下——笔者注］，广泛而同时有重点地发动群众性的岁修防洪及小型水利，加强管理，协调水规，以达到恢复和发展生产

① 云南省地方志编纂委员会．云南省志·卷三十八·水利志［M］．昆明：云南人民出版社，1998：648.

的要求”①。2月16日，省人民政府又发布了《发动群众兴办水利工程的指示》，提出：“1. 加强领导与组织，使今年的春修工程成为一个群众性的运动；2. 做好工程准备工作，如工程的勘测，经费的筹集，材料的准备，工场布置，工段划分，民工食宿的安排，等等；3. 加强工场保卫工作，加强工程的政治和技术领导，提高工程质量，解决水权纠纷。”② 可以看出，1950—1952年，云南省刚解放，资金有限，技术落后，且缺乏大规模水利建设的经验，水利工程的重点是动员农民恢复整修旧有的灌溉设施，并整治小河道，兴修力所能及的小型工程。如昆明市对“重点工程松华坝加以维修，增加配套设施，疏挖海口河，整修金汁河涵闸等，并兴修了一批小坝塘与引水渠道”③。弥渡县从1950—1953年，“国家投资补助币1.08万元，大米2万市斤，群众投劳66.69万个，完成塘坝新修392件，整修8件；沟渠新修1546条（段），整修821条（段）；新修地龙10条，整修4条，老沟河疏浚5公里，全县有效水量增加411万立方米，增灌农田6846亩”④。1952年，全省兴修大、中、小型水利工程4万余件，大型工程有晋宁抽水灌溉工程、晋宁茨巷河防洪工程等，扩大灌溉面积10余万亩，改善灌溉面积74万余亩。

1953年开始，国家逐渐向社会主义过渡，全省农业互助合作化运动蓬勃兴起，带动了民办公助为主的群众性小型水利的发展，开始有重点地上马兴建中型工程，并加强技术指导。不过限于云南水利技术，为更好地发动群众兴修水利并给予技术指导，1953年，省农林厅水利局组建水利工作队，分派到各专区协助技术指导。1954年年初，省农林水利工作会议布置了全省当年的农业生产任务，认为水利不仅要为农业服务，也要为工业服务，该年度的水利工作方针是：“在努力服务国家过渡时期总路线总任务，切实贯彻增产节约的原则下，以大力发展群众性小型农田水利，加强现有

---

① 云南省地方志编纂委员会．云南省志·卷三十八·水利志［M］．昆明：云南人民出版社，1998：38.

② 云南省地方志编纂委员会．云南省志·卷三十八·水利志［M］．昆明：云南省人民出版社，1998：38.

③ 昆明市水利志编纂委员会．昆明市水利志［M］．昆明：云南人民出版社，1997：3.

④ 弥渡县水利志编纂委员会．弥渡县水利志［M］．成都：成都科技大学出版社，1993：15.

工程的管理养护，合理用水，扩大灌溉面积，重点举办中型工程。”① 1954年建成飞井海、北山寺两座小（一）型水库，这是新中国成立后云南最早建成的小（一）型水库。据参与修建飞井海水库的老人回忆：“开始只是用人挑，人挑起来推土机压，都是一层一层地开始碾坝。全部都是人挑，后面有了马牛拉车。开初坝那个底挖下去4米多深，人是一波一波地进去挑那个红土，碾压的时候也没有用人工都是用机器压的，边角的地方就只用人工去压，那个泥巴8个人去打夯，也是非常厚的，后面全部都是用石头，用水泥砂浆铺着上来的，那边的副坝也是用人挑起来的，这边没有用机器，主要使用牛车，就派我去拉牛车。”② 同年，省农林厅制定了《云南省水利工作初步总结及第一个五年计划草案》，对“一五”计划内水利建设进行规划和布局。1955年建成麦子河、洋派两座中型水库，这是云南最早的两座示范性的中型水库。

1956年，全省再次发动民工16691人疏挖滇池海口河及其支河工程，以满足下游发电和灌溉用水。同年7月召开了全省水利工作会议，着重讨论了有关水利的方针政策、施工的组织领导、工程质量和如何培养技术力量等问题。在此期间，全省各级政府为满足水利工程建设的需要并缓解人才匮乏的局面，有组织有计划地培训了一批技术人员，如昆明水利学校在1956年招收第一批学生380人。除此之外，这段时间还兴修了一批小型引水工程、塘坝和沟渠，通过逐步建立管理机构，这些工程大都能发挥效益。同时，一批有关农田水利建设的政策性、法规性文件也相继出台，如《云南省1951年农田水利贷款实施暂行办法》《关于今冬明春水利工作中必须认真贯彻劳动保护政策的联合通知》《为加强安全卫生工作的紧急通知》《云南省水利工程技术管理实施办法（草案）》《关于发布〈云南省农田水利安全施工五项暂行规定（草案）〉的通知》等，使农田水利建设有了规章制度的保障。总之，通过土地改革，获得土地的翻身农民积极投入到兴修水利运动中，以改善农业生产条件。经过新中国成立初期的治理和整修，全省不仅颠覆了传统社会水利建设的制度规则，而且建立了从上

① 云南省地方志编纂委员会．云南省志·卷三十八·水利志［M］．昆明：云南人民出版社，1998：649.

② 根据笔者2018年8月3日采访玉溪市春和镇陈高营村张定成老人的谈话记录整理。

到下集中有效的动员组织模式，初步扭转了农田水利基础设施落后的局面，提高了农业抵御水旱灾害的能力，为全面建设社会主义提供了一定水源支撑和经验积累。

1957年冬，中共中央、国务院发出了《关于今冬明春大规模地开展兴修农田水利和积肥运动的决定》，指出："积极广泛地兴修农田水利，是扩大农业生产，提高单位产量，防治旱涝灾害最有效的一项根本措施。""根据我国农田水利条件的有利特点，必须切实贯彻执行小型为主，中型为辅，必要和可能的条件下兴修大型工程的水利建设方针。"① 同年10月25日，中共中央又公布了《1956年到1967年全国农业发展纲要（修正草案）》，"要求在12年内，把水田和水浇地的面积，由1955年的3亿9000多万亩扩大到9亿亩左右。灌溉设施的抗旱能力，按各地不同情况，分别提高到30天到50天"②。由此，这年冬季在全国掀起了农田水利建设高潮。1957年，云南省制定的水利建设方针是"以中小型为主，重点搞大型；以灌溉为主，结合防洪；加强管理养护，普遍开展水土保持。"随着大规模农田水利建设的掀起，全省进入了新中国成立后第一次大规模农田水利建设的阶段，虽然这一时期受到"大跃进"的影响，但上马的工程数量和建设速度是前所未有的。这一时期，云南水利工程开工数目、投入劳动力人数达到空前规模，众多中小型水利工程遍地开花，仅"玉溪县（今玉溪市红塔区）在短短的3个月，先后开工新建凤凰、合作、田房、沙河、关箐、大红坡等11座小（一）型水库和引水工程"③。曲靖市独木、毛家村两座大型水库，昆明松华坝水库，保山北庙水库，玉溪东风水库，建水跃进水库，楚雄九龙甸水库等上百座中型水库上马兴建。1958年，省委结合全省实际提出了六大治水原则，即"1. 全面规划，综合利用，逐步施工；2. 大、中、小型相结合，以中型为主；3. 永久性、半永久性与临时性相结合，以永久性为主；4. 自流灌溉与提水灌溉相结合，以自流灌溉为主；5. 地表水与地下水相结合，以地表水为主；6. 大春灌溉与小春灌

① 中共中央文献研究室．建国以来重要文献选编：第十册［M］．北京：中央文献出版社，1994：500-501.

② 中共中央文献研究室．建国以来重要文献选编：第十册［M］．北京：中央文献出版社，1994：565.

③ 玉溪市水利电力局．玉溪市水利志［M］．玉溪：内部出版，1987：7.

溉相结合，以大春灌溉为主"①。这是在坚持中央治水方针基础上结合云南省情而形成的水利建设指导原则，还是比较符合全省实际情况的，但由于"大跃进"的影响，很多规划和方针政策并没有很好地落实，在具体操作中超越了客观实际。

据一位水利民工回忆："那时候水利建设搞得热火朝天，无论是速度还是数量都比之前多了许多，工地上人山人海，大家分工协作。我参加了双化水库建设，之后又去支援周围其他地方，自带工具干粮，休息的时间很少。"② 另一位老人也讲："围山湖水库，我记得是 1958 年 10 月 1 日开始，好几个公社很多人一起修的，那时粮食不多，大家都比较吃苦耐劳，那是个艰苦的年代，国家穷，政府也穷，企业更穷，大家都凑在一起，给好几个公社一起修，挑石头，完全是用人力挑的。"③ 据昆明市 1960 年 12 月统计："全市已建成和已动工兴建的水利工程有大中型水库 48 座，小型水库、坝塘 4047 个，设计库容 3 亿 4299 万立方米，比 1957 年以前全部历史所修水利 9995 万立方米增加 3.45 倍，新增大中型水干渠 17 条，全长 412 公里，新增抽水机 165 台，累计完成土石方 2820 万立方米，用去劳动日 1851 万个。总计全部蓄水能力 4 亿 4294 万立方米，机械提水 7710 立方米，长流水 3999 万立方米，合计 5 亿 6000 万立方米，建成小型电站 64 个，装机容量 1312 瓦。全部水利设施按设计能力，每亩以用水 600 立方米计算，可灌溉 93 万亩，占耕地面积 97 万亩的 95%。"④ "全省现有建成的大中型水库中有 70%以上其主体工程是在这一时段建成的。"⑤ 整体上看，该时期的农田水利建设在曲折中前行。

从 1961 年起，根据中央指示，云南农田水利建设战线开始全面收缩，

---

① 农业部农田水利局．水利运动十年：1949—1959［M］．北京：农业出版社，1960：308.

② 根据笔者 2018 年 7 月 20 日采访云南省昆明市禄劝县撒营盘镇撒冲六村张浩文的访谈记录整理。

③ 根据笔者 2018 年 4 月 30 日采访贵州省兴义市万屯镇阿红村郎登学老人的谈话记录整理。

④ 昆明市三年水利建设基本总结：1960-12［A］．昆明：昆明市档案馆藏，26-1-1267.

⑤ 云南省地方志编纂委员会．云南省志·卷三十八·水利志［M］．昆明：云南人民出版社，1998：3.

重点放在整顿、续建、配套和管理上，不再上马大型工程。国民经济调整时期，云南着手处理“大跃进”遗留下来的水利建设问题，如移民安置、伤亡抚恤、“一平二调”和管理配套等，重塑了党和政府在人民群众中的形象。同时，该时期比较重视法律法规的完善，制定了相关的水利章程，如《云南省农田水利基本建设程序和工作的若干暂行规定》《云南省农田水利事业补助费使用管理办法》《云南省水土保持暂行规定》等。到1965年，全省“共加固中型水库工程36座，续建、配套中小型工程500多处，灌溉面积增加了205万亩”。① 1958—1965年，云南“8年中建成大中型水库61座，使全省农田有效灌溉面积增加到85.3万公顷，占耕地总面积的30.7%（1957年为15.6%）。1963年，全省发生了几十年未遇的严重干旱，有44个县连续9个月滴雨不下，但水利设施发挥了巨大作用，粮食总产量仍高于1962年”②。总之，十年建设社会主义时期，是新中国成立后全省上马兴建水利工程最多的阶段，虽然受到“左”的思想干扰，但总体上还是取得了很大成绩，一些水利工程经过整修和配套，至今仍然发挥着重要作用，如有位水利民工回忆说：“打开普棚水库，灌溉下庄坝，祥云旱坝变绿洲。那时是要把旱坝变绿洲，现在真的变绿了，大热天都还能栽秧，这都是来源于那时候的贡献，那时候都是用人力打出来的平台沟，打起大坝，架起桥梁，打三公里洞，都是为了下一代。不容易，真的不容易。”③

“文化大革命”初期，云南在国民经济调整时期逐步好转的农田水利建设受到冲击，省县市的水利机构基本处于瘫痪状态，正常的水利工作受到“左”的思想影响而无法进行，虽然这一时期农村的水利建设未间断，但投入力度、组织程度、工程规模和数量相比之前处于低潮，进展不大，且主要把建设的方向转向了民办公助的小型水利工程，而大中型工程仍然是续修配套，其水利指导方针是学习大寨精神，自力更生，依靠群众，勤俭办水利。1968年后，随着形势的好转，全省各地农田水利建设又逐渐掀起，中小型水利工程有所发展。1969年2月，“据楚雄、大理、文山、玉

① 云南省地方志编纂委员会．云南省志·卷三十八·水利志［M］．昆明：云南人民出版社，1998：4.

② 当代云南编辑委员会．当代云南简史［M］．北京：当代中国出版社，2004：258.

③ 根据笔者2018年7月24日采访大理州祥云县下庄镇后所村吕荣科的谈话记录整理。

溪、临沧五个地（州）的不完全统计，目前已上阵的劳力 18 万多人，上阵各种类型工程（主要是小型水利）2 万余件”①。1971 年，中央北方工作会议和全国计划工作会议后，全省掀起了“农业学大寨”的高潮，农田水利建设又重新进入快速发展时期。1972 年，全省仍然坚持“小型为主，配套为主，社队自办为主”的水利方针，狠抓山区和半山区的小型水利建设，狠抓续修配套，并着手加强工程管理，以发挥灌溉效益。这一时期修建的比较著名的水利工程有祥云邵家水库、曲靖莲花田水库、蒙自工农大沟、罗平白腊山引水工程等。不过由于受到“左倾”思想的影响，水利工程修建印上了当时特有的时代烙印。1973 年，全省通过开展水利大检查，水利管理机构、管理制度和相关章程逐步恢复和健全，并编制了《云南省水利大检查汇报提纲》和《云南省 1974、1975 年水利建设计划》方案。同时，这一时期还出台了相关的水利法规文件，如《云南省水利管理试行条例（草案）》《云南省机电排灌工程（水轮泵站）管理试行办法》《对水库设计标准的意见》等，到 1976 年年底，云南“建成中型水库 12 座，并对‘大跃进’时期遗留下来的近百处小型水利工程进行了续修配套，全省有效灌溉面积达到了 1326 万亩”②。

（四）新中国成立后贵州省农田水利建设成就（1950—1976）

贵州历史上水利建设较为落后，新中国成立初，百废俱兴，当时的西南军政委员会下发通知：“在今明年内，因限于经济与群众条件，小型灌溉工程不可能作大规模的发展。唯旧有塘堰之被淤塞或年久荒废者应尽可能首先予以修复，恢复其灌溉效能。其次，旧有塘堰渠道之需要改善者在可能范围内亦应择要改善，增大其灌溉效能，又是在旱灾频发的区域，离河道过远，原有塘堰渠道过少不能灌溉可发动群众择其费用较少而收获较大者，增筑新塘。”③ 可见，恢复和整修旧有的水利工程是这一时期的主要

---

① 云南省地方志编纂委员会．云南省志·卷三十八·水利志［M］．昆明：云南人民出版社，1998：68.

② 水利部农村水利司．新中国农田水利史略：1949—1998［M］．北京：中国水利水电出版社，1999：509.

③ 西南军政委员会关于 1950 年恢复整理小型塘堰工程的指示：1950-12［A］．安顺：普定县档案馆藏，108-1-1.

任务。当时，贵阳在市军管会建设接管部下设农林处，负责接管本省的农林水利机构及其工作。1950—1952年，全省伴随土地改革，以打破传统水利管理局面，恢复和整修旧有的水利设施为主，通过广泛组织群众兴修农田水利，扩大水田面积，利用冬闲，因地制宜推行挖塘、修堰、筑坝、凿井、浚沟渠以及加高田埂蓄好冬水等，以改善农业生产条件。1953年开始，在农业合作化运动的推动下，各地上马修建一批小型水利工程，“仍以大力发展小型农田水利，防旱防涝，保障农业增产，其范围为费用不多、费力不大、费时不久，技术性较低，确有成功及时受益把握，其效益较为宏大的工程，各地应结合本地地形情况，选择适当地点重点举办，如在山地无水源的地区，重点应是普及水塘，如地形许可，应尽量挖大塘；在三面环山或其他适当地区可以酌建小型蓄水库；在平原可以找到水源的地区普遍地开引水或排水沟渠，或重点筑较低的拦水坝；在临河的地区则应尽量地推广提水工具；一般地区要大力发动群众寻找水源，尽量利用地下水，做小型水利工程为生产防旱打下基础”①。在修水利的同时也比较注重工程管理，并着手建立健全从省到乡的组织机构，在区乡有人专管或兼管农业合作社成立管理养护机构，以使工程发挥应有的效益。

随着“一五”计划和农业合作化的进行，这一时期确定水利建设要：“贯彻水利为农业生产服务的方针，继续积极兴办各式各样费省效宏群众性的农田水利，逐步减免水旱灾害，保证农业生产的不断增长。逐步摸清水情，权衡轻重缓急，根据需要与可能制订出切实可行的计划，完成水利任务及紧密依靠互助合作组织开展农田水利工作，并有意识地促进和巩固互助合作。”② 据统计，从1950年到1956年1月，贵州“共兴修了各种小型工程12万处，整修工程15万余处，扩大灌溉面积503万多亩，改善面积209万多亩，并举办基建单位工程8处，扩灌86000亩，兴建机械提水58站，扩灌43800多亩。以上共计扩灌515万亩，为新中国成立前兴修的1.8倍。其分年完成情况占新中国成立后扩灌总面积的比例是：1951—1952年为11%，1953和1954年各为6%，1955年为33%，1956年第一季

① 贵州省1953年兴修小型农田水利工程的方针任务及工作要点：1953［A］. 盘州市：盘县档案馆藏，14-1-2.

② 贵州省1955年全省水利工作会议精神汇报和石阡县1955年水利工作任务：1955-03-02［A］. 铜仁：铜仁市档案馆藏，39-1-5.

度为44%。从增长速度来看，1955年及1956两年发展速度较快。同时还培养了大批技术人员计有水利干部549人，半脱产水利辅导员5000余人”①。经过连续几年的整修和恢复旧有的塘堰、渠道、渡槽，相比新中国成立前灌溉面积增加了许多，增强了耕田的防旱抗灾能力，粮食产量随之增加。据统计，1951—1954年，“4年来共计为国家增产稻谷1亿6300多万斤”②。而根据1949—1956年粮食产量的统计，“1949年产量为59.31亿斤，农业人口平均为451斤，而到1956年产量为97.3亿斤，农业人口平均为653斤”③。粮食产量的不断提高，固然与土地改革和农业合作化的推进解放了农村生产力有关，但这期间党和政府率领广大群众进行农田水利建设以提高耕田的抗旱防灾能力，也为农业发展和粮食的增产提供了水源保障。据当年参与水利建设的老人回忆：“修建盐井冲水库之前，我们这里都是靠天吃饭，尤其旱天来临，收成锐减，有时候要走几里路去挑水。新中国成立后，我们这里完成了土地改革，大家主动去修建这个水库，有力出力，有粮出粮，互帮互助，经过将近一年的时间才修好，这就解决了这里庄稼和老百姓吃水的问题，你说能不高兴嘛。”④ 可以看出，根据新中国成立几年来贵州省兴修农田水利的建设规律，头几年主要以恢复整修和上马小型的引水工程为多，后面以蓄水工程为主，这比较契合贵州自然地理环境，同时也积累了经验教训，为全面建设社会主义时期的水利事业发展奠定了一定基础。

“三大改造”结束后，根据《1956年到1967年全国农业发展纲要（修正草案）》的要求，结合贵州水利建设首先必须贯彻为农业生产服务为主，兴利除害并重，结合防洪航运水电建设及兼顾其他国民经济部门需要的方针，全省制定了第二个五年计划：“1. 增加灌溉面积1000万亩，其中群众性农田水利600万亩，专州县举办中小型水利300万亩，省结合流

---

① 贵州省水利事业基本情况和远景规划初步意见（草案）：1956-06-15［A］. 贵阳：贵州省档案馆藏，93-1-319.

② 贵州省几年来关于兴修群众性农田水利工作所起到的一定作用：1955-02-16［A］. 黔南布依族苗族自治州：独山县档案馆藏，41-2-7.

③ 贵州地方志编纂委员会. 贵州省志・粮食志［M］. 贵阳：贵州人民出版社，1992：13.

④ 根据笔者2018年4月22日采访贵州省贵阳市修文县久长镇东屏村张应德老人的谈话记录整理。

域治理举办中型单位工程 80 万亩，机械提水 8000 匹马力 20 万亩；2. 改善灌溉面积 500 万亩，抗旱能力达到 30~50 天；3. 防洪排水受益面积 100 万亩；4. 水土保持初步控制面积 17000 平方千米；5. 水力发电 18000 瓦，其中农村小型水电 15000 瓦。基本建设计划：第二个 5 年基本建设投资 16000 万元，不包括民工建勤与农业社投资 5600 万元。”① 1957 年冬季，根据全国形势的发展，全省掀起了兴修农田水利建设的高潮，根据中央的指示精神，贵州“各专（州）相继发出指示，成立了水利运动指挥部或委员会，设立办公室具体指导运动的开展。各县（市）也成立了相应的统一指挥机构。自元月以来，全省每天有 300 多万人投入日夜苦战，真是‘白天人群一片黑，晚来遍野都是灯’。日完工进度平均在 15 万亩左右，最高达 24 万亩”②。据民工于子筑回忆：“当时水库建设工作浩大，有专门的指挥部，有指挥长，指挥部下就是连队与分队，还有一排、二排，各排工作内容分工清晰。我在工地上什么工作都做过，开凿碎石，抬碎石，挖泥土，打夯，搅混凝土。打夯是八个人一起打，两个人一边，用人工升高，再打下来，喊着号子一起用力。”③ 这三年，在“左”的思想干扰下，农田水利建设上马工程之多、建设速度之快、工程类型多样化等都是史无前例的。同时，在建设过程中存在“一平二调”、忽视工程质量、命令主义泛滥的现象，可以说，全省的农田水利建设是在曲折中前行。

1958 年，全省发生了 100 余天的大旱，1959 年有的地区也发生了两三个月的旱灾且在程度上比 1958 年还要厉害，时任副省长的戴晓东认为：“一方面是水利，如果不是新中国成立后特别是去年以来大搞水利，到现在有了 46 亿多方水，还有些机械提水，水土保持，假设没有这 46 亿多方水，那么这样的大旱灾带来的损失是不可想象的，过去有过甲子乙丑年大旱灾，荒了很多田，饿死很多人，去年今年都是大旱灾，还是保证了丰

---

① 1958—1962 年水利建设计划：1957-11-19［A］. 贵阳：贵州省档案馆藏，93-1-519.

② 贵州省去冬今春水利运动发展形势和今后任务的报告（草案）：1958-04-06［A］. 安顺：普定县档案馆藏，108-1-9.

③ 根据笔者 2018 年 5 月 17 日采访贵州省贵阳市花溪区党武乡松柏村于子筑老人的谈话记录整理。

收。"① 据 1961 年的统计数据："经过三年'大跃进'，我省水利建设在三面红旗的指引下，兴修了许多费省效宏的水利灌溉工程，全省稻田灌溉面积曾经达到 800 万亩左右，为解放初期的 2.8 倍，其中，群众性小型水利灌溉面积达到 632 万亩，占 79%；全部建成或部分建成的骨干工程 1011 处，灌溉面积 150 万亩，占 18.7%（内有引蓄水量 500 万立方米以上的大中型工程 27 处，灌溉面积 41 万亩）；机械提水站 634 台，17800 马力，灌溉面积 18 万亩，占 2.3%，这些水利工程在抗御连续三年的旱灾中，发挥了很大作用，大大减轻了自然灾害给农业生产带来的损失。"② 从某种程度上说，这一时期全省农田水利建设虽然存在某些问题，如瞎指挥、"一平二调"、注重数量忽视质量、追求速度等，但整体上看，全省的农田水利建设是在曲折中发展，这些水利工程不仅从根本上改变了当地水利基础设施长期落后的局面，而且提高了防洪抗灾和乡村灌溉的能力，为我们积累了诸多教训和宝贵经验。

1961 年 1 月，中共八届九中全会提出了要把农业放在首位，并决定从 1961 年起对国民经济实行"调整、巩固、充实、提高"的方针，这就拉开了国民经济由"大跃进"转向"调整、巩固、充实、提高"的序幕。在农田水利建设领域，贵州省从 1961 年开始压缩基本战线，缩减出工劳动力，并决定不再搞新建工程而是巩固岁修和续建已有的工程，并加强对工程的管理以尽可能发挥最大效益。针对水利建设领域在"大跃进"期间出现的"一平二调"错误做法，该时期贵州省积极贯彻中央关于彻底退赔的文件指示，对水利修建过程中无偿调拨的实物、牲畜、损坏的房屋以及青苗等进行退赔，并且着手开展移民问题的处理以此来安定群众情绪，重塑党和政府的威信。该时期贵州省对"大跃进"以来的诸多工程进行续建配套和巩固，并着重扭转干部群众重建设轻管理的思想，始终把水利工程的管理养护作为该时期水利建设的中心环节来抓，如遵义专区，截至 1962 年 7 月，"全区大小工程，基本上都有专人管理和放水，根据省分级管理精神，对县以上 32 处工程也相应加强了管理，现配备行干 35 人，技干 22 人，工

① 戴晓东副省长在全省水利会议上的讲话：1959-10-10 [A]. 贵阳：贵阳市档案馆藏，173-1-5.

② 关于今冬明春兴修农田水利的安排方案：1961-11-15 [A]. 贵阳：贵阳市档案馆藏，173-1-62.

人146人"①。

在国民经济调整过程中，全省认真总结"大跃进"三年的经验教训，指出："1. 迅速恢复发展群众性小型水利和简易提水工具，尽快地恢复原有的效益。2. 有计划有步骤地分期分批续修配套骨干工程，集中力量打歼灭战。修一处就要成一处。3. 加强工程管理和灌溉管理工作。4. 适当发展机械提水站，着重是电力提灌站。5. 在条件好的主要产粮区，择要举办一些大中型水利工程。6. 加强勘测设计工作，严格审批程序，保证工程技术经济的合理性。"② 其间，全省掀起了一场水轮泵"歼灭战"运动，在较短时间内也取得了一定成绩。1965年5月底，"全省共建成水轮泵站2305站，装机2824台，灌溉面积达24万多亩，其中新增灌溉面积17.2万多亩"③。到1965年年底，"全省人民在各级党委的领导下经过十年多的努力，已建成大小水库724座，塘堰37716处，可蓄水4.8亿立方米，建成引水工程14.1万处，机电提灌站4.4万多马力，安装水轮泵2800多台"④。总体上看，这段时期贵州的农田水利工作在调整和整顿中既积累了经验，总结了教训，也取得了良好成绩，在有序恢复中达到了发展的目的，初步形成了与全省省情相适应的农田水利建设模式和工程类型特点，尤其水轮泵的推广和使用，这与山区的自然环境相契合。

"文化大革命"初期，贵州各级水利机构基本被撤销或被合并，大批工作人员被下放劳动，同时投入水利建设的经费大幅度削减，使原先整顿并健康发展的水利事业受到了冲击，处于低潮阶段。1968年后，全省广大农村掀起了"农业学大寨"的治山治水运动，大规模的农田水利建设再次开展起来，据统计，当时全省日上工劳力达到了100万人，最高时达到240万人，同时还组建了常修队。各地在"左"的思想干扰下，水利事业虽然遭受严重挫折，但经过各族人民的共同努力，农田水利建设仍然取得

---

① 遵义专区去冬今春农田水利兴修工作的总结（初稿）：1962-07-11［A］. 遵义：遵义市档案馆藏，53-4.

② 贵州省三十四县（市、区）农田水利普查初步总结：1963-06［A］. 贵阳：贵州省档案馆藏，58-1-2256.

③ 贵州省水轮泵歼灭战第一个战役的工作总结：1965-06［A］. 兴仁市：兴仁县档案馆藏，49-2-11.

④ 刘金焰副厅长在专、州（市）局长会议上的总结发言：1965［A］. 贵阳：贵州省档案馆藏，93-1-2163.

了一定成绩。根据1975的统计数据："新中国成立以来，已修建了各种水利工程13万多处，机灌站56000多马力，电灌站116000千瓦，水轮泵9300多台，总蓄水量8亿8400万立方米，灌溉面积830多万亩。"① 1976年，全省水利建设高潮仍然不减，截至8月，"全省已完成新增蓄水量2亿1000万方，为全年计划的105%，比去年同期增加了1亿方，新增灌溉面积73万5000亩，占全年计划110万亩的67%"②。一批又一批的中小型水利开始上马修建，"大跃进"后停建缓建的工程又开始恢复和重建，并兴修了如松柏山水库、团结水库、穿阡水库等中型灌溉工程。与此同时，贵州农村小水电站如雨后春笋般地蓬勃发展，据统计，"1975年年底，全省已建成农村小型水电站4926处，装机容量已达131907瓦，年发电量2亿3600多万度，10年中全省装机容量增加了12倍"③。水利工程技术也有诸多突破，尤其拱坝技术的应用取得了重大进展，而砌石拱坝因为较适应贵州的地貌特点而得到了较多的推广。

当然，该时期农田水利建设在取得些许成绩的同时也存在诸多问题，如在工程质量方面，1975年贵州省水利工作会议上就指出："近几年来，由于勘测设计工作粗，土坝质量下降，清基截流不彻底，放水设施质量差，坝身夯实不实，渠道渗漏严重，不能充分发挥工程应有的作用，兴义县的锅底河、贵定县的五道河原是好水库，但在加高大坝时，不注意工程质量，变成险、病库。"④ 又如在工程的管理与配套方面，黔东南州在1973年年初的水利管理总结中指出："据全州59处库容在10万立方米以上的水库统计，设计灌溉面积91000多亩，因管理不善和不配套，现实灌溉面积才46000多亩，仅占设计面积的50%左右。"⑤ 另据1975年全省召开的水利管理会议上的分析统计，"全省灌溉面积300亩以上的工程共计

---

① 全省水利管理工作会议纪要：1975-04-28［A］. 贵阳：贵州省档案馆藏，40-4-208.

② 卫自慎同志在全省水利工作会议上的发言：1976-10［A］. 遵义：遵义市档案馆藏，53-19-20.

③ 在全省农村小水电站建设会议上张锐同志的总结讲话：1976-07-15［A］. 安顺：关岭县档案馆藏，42-2-30.

④ 贵州省水利工作会议纪要：1975-09-25［A］. 贵阳：贵阳市档案馆藏，61-10-549.

⑤ 全州水利、农电管理工作会议总结（草稿）：1973-03-16［A］. 黔东南苗族侗族自治州：黄平县档案馆藏，54-1-47.

4919处，其中管得好的只1656处，占34%；管得差的2770处，占56%；无人管理的493处，占10%”①。这些问题的存在根源于“左”的思想干扰，使人们重速度轻质量、重建设轻管理，影响了贵州水利建设的健康发展，给人们留下了深刻教训。

五、云贵地区农田水利建设口述史的价值

首先，记录亲历者的痕迹，具有宝贵的史料价值。史料是进行史学研究的源泉，是还原历史本来面貌的基础，没有充足史料的运用就会让历史叙事显得单薄；没有充足史料来佐证的论点就是空谈；没有充足史料填充的逻辑框架就缺少饱满的内容。当下，口述史料的运用已经成为显学，不仅能让更多的普通群众发出属于自己的声音，记录他们自己的历史，让历史变得鲜活，而且对正统档案文献中记载得比较模糊、比较敏感、较为宏观的话题，可以有一个具体场景或者历史细节的再现，让已有的历史变得充实、有趣和鲜活。因此，“口述档案与留下的有文字可考的档案、文献应该是并驾齐驱的，同样地反映当时的历史，只是角度、观点、记录人有所不同而已”②。

其次，倾听普通民众的声音，保留民间的社会记忆。在封建社会，正统的资料文献所呈现的主要是帝王将相和才子佳人的历史，描写的是个人英雄主义的实践斗争，而对普通民众的记录是忽略不计乃至是没有的。如今，通过口述史，可以倾听不同群体和不同阶层的声音，也为叙写普通群众自己的历史提供了可能，“它可以给那些原来在历史上没有声音的普通人留下记录，可以给那些在传统史学中没有位置的事件开拓空间。从某种意义上可以说，传统史学主要是统治阶级、精英人物的领地，口述历史则向民众敞开了大门”③。当代云贵两省的农田水利建设波澜壮阔，所蕴藏的丰富多彩的口述史为叙写历史和保存记忆提供了载体。这些普通的民众既是水利建设的亲历者和见证人，也是我们进行口述史料采集的主体，不同的人对同一事件的认知和感受不同，倾听他们的声音，保存他们的个人记

① 全省水利管理工作会议纪要：1975-04-28［A］．贵阳．贵阳贵州省档案馆藏，40-4-208.

② 刘旭光，薛鹤婵．试论口述档案的价值［J］．档案学通讯，2007（4）：89.

③ 熊月之．口述史的价值［J］．史林，2000（3）：5.

忆，有助于全面深化对历史的认知。

六、抢救农田水利建设口述史的紧迫性

目前，档案馆所保存的档案很少关注普通民众的个体记忆，口述史料可一定程度上弥补这种不足。口述史一般视野往下，记载的是小人物的经历、所见所闻以及人生感悟，它的一个重要特点就是由访谈者和被访谈者共同完成，既是面对面的采访，也是一种感情沟通和内心的交流。然而随着时间推移，一些历史的见证人逐渐消失，他们带走了属于自己也属于社会的历史，还有一些见证人因年龄很大可能存在一定的记忆模糊性、不确定性和表达不清，因此，抢救和保存这些随着时间推移即将流逝的记忆已经刻不容缓。从 2008 年至今，笔者在云贵地区先后采访过 200 余位老人，他们都在不同的历史时期参加了当地的农田水利建设，因为身体和年龄原因，有的老人思维逻辑较为混乱，有的老人记忆力较为模糊，有的老人基本记不住几十年前的事情，有的老人记忆力好但表达不清楚，还有的已经去世了。给我印象最深的就是 2012 年在遵义和铜仁采访的五位老人，待 2018 年回访时，他们都已经过世了，可以说这是口述工作的损失。如今，新中国成立初期参与兴修农田水利的老人都在 85 岁以上，即使参与“文化大革命”时期水利建设的，也基本在 60 岁以上。目前，一些研究者很少关注新中国成立后水利建设口述史料的搜集，随着时间的推移，此项工作显得尤为紧迫。

口述　倾听水利民工的故事

飞井海水库的叙说①

飞井海水库因位于玉溪市西南方向的飞井村附近而得名，距离市中心8公里。1952年，土地改革后，当时的玉溪县政府为改善水利条件而决定修建一个蓄水工程，并组织人员勘测设计。1953年12月，省里批准了上报的工程计划，同年12月25日正式动工，并于1953年3月竣工蓄水。在此次施工中，民工由翻身的农民自愿报名参加，并在全省率先使用拖拉机压坝，当时坝高8米，库容310万立方米。该水库1956年再次扩建，1957年3月完工，坝高达到15米，并完成了相应的配套工程，使9000多亩田地得以灌溉。

口述人：张定成　男，1938年生，玉溪市春和镇陈高营村务农

采访时间：2018年8月3日

这个水库修建得比较早了，我那时还比较小，记得工地上开始只是用人挑土和石块，人挑起来后推土机压，那是我第一次见这个机器。它站得高高的，碾头很长，都是一层一层碾的。水库的土全部都是人挑，后面有了马牛拉车。开始坝底挖下去4米多深，人是一波一波地进去挑那个红土，碾压的时候这里率先使用了拖拉机，基本也没有用人工都是用机器压的，边角的地方就只用人工去压，有8个人去打夯，泥巴非常厚，需要很大力气。后面全部都是用石头、用水泥砂浆铺着上来的，副坝也是用人工挑起来的，没有用机器，使用牛车，当时就派我去拉着那牛车。这个小坝是用

① 云南省水利工程的介绍参见《云南省志·水利志》和相关的州、县、市水利志。

牛车一车一车地堆起来的，那个大坝是用大机器修出来的，这个坝就修过两回。头一回修好后没有那么大，没有那么坚固，上边那里没有挖得动，扩建时是两边都用机器在做。水库1953年就开始修建了，当时修水库要淹没一些耕地和房屋，需要政府动员民众搬迁，并且买房子给他们住，就是把人们分散到每个村落。这个水库旁边的村落，向政府借钱买了房搬去住，有的人家人多就买大点的房子，人少的房子买的也小，就只有一间，有两层的土房子，我们这个地方没有三层的。当然，还可以搬到亲戚朋友家里，自己有路径的自己搬迁，看自己的意愿，那时条件艰苦，老百姓日子艰难，国家也没有钱。

工地上干完活，我们这里出工的民工晚上都是各自回家，没有住工棚，工棚是外边村子的民工和指挥所才有。指挥所负责安排工作，早上几点出工、几点吃饭，晚上几点收工、几点吃饭，都是有时间安排的。我们附近的就各自回家住，外地的他们离村子远一点，哪家有空房子就住到哪家。那个时候劳动很辛苦，肚子饿，但是没有偷懒的，大家都想早日把水库修好，以早日改善农业生产条件。修水库坝子的时候伙食还是不错的，国家照顾干体力劳动的民工，那时没有具体地分土地是哪家的，大家不分你我都想齐心把水库修好，当时没有逃跑的偷懒的人，都是傻傻地干，拼命地干，那个时候晚上也不加班。

口述人：飞士科　男，1940年生，玉溪市春和镇飞井村务农

采访时间：2018年8月3日

飞井海这边经常干旱，不下雨的话，就没有办法栽秧，所以就想着在这里，挖个坝。那时这里叫飞井乡，每个队喊两三个人来这里挑土，有一辆拖拉机在这里压地，四个人拿着棒子打，天天都这样！那时我们住在九龙池，然后上这里来挑土！那会儿有个叫郑树华（音译）的人当中队长，九龙池大队、飞井大队、春和大队就只有一个人当中队长。我们把那些土挑开，开始是挑方形的，一块块挑。大队上干这些的除了保长就是管事，管事就是管偷东西的！修这个水库的时候没有床，我们还去其他地方拉张床支在里面睡觉，那时条件很艰苦，下午就熬点稀饭吃，没有专门食堂！水库修建到1957年就结束了，但它高度不够，后来又加了三道，之后这个坝就没动过了！

那时土改已经结束了，也就是说这个水库是土改以后修的，那时东风

水库都还没修呢！当时都是人挑、挖，拿小车推。这里白天上工，晚上不加班，吃饭在庙里，住也是住庙里。大家都想早日完工。那时挑坝没有逃跑的，人都老实。这个水库是土地改革后老百姓都分到土地后修的，老百姓很拥护，原先为了用水有时还抢水打架，水库修起来以后，该那个村放就那个村放，从上面放水下去，到那个村了一个一个地轮着来，有专人负责管理，有序进行灌溉，这就防止了抢水偷水的发生，这与原先不一样，现在水库是大家修的，肯定要爱护嘛！

亲历洋派水库

该工程位于姚安县城西北，因建于洋派溯原址、拦蓄洋派河水而得名。洋派水库是云南省在新中国成立初期最早建成的中型水库之一，也是当时楚雄修建的中型水库示范工程，姚安坝区水利灌溉系统中的骨干工程，由省农林厅水利局勘测设计，1954 年 11 月动工，1955 年 10 月完成主体工程建设。整个水库淹没 15 个自然村，政府对 628 户的农田 5021 亩基本进行了妥善安置。当时大坝为均质土坝，高 17.5 米，总库容 4000 万立方米，兴利库容 3615 万立方米。水库建成后，1956 年设立了管理机构，发挥了应有的经济和社会效益。

口述人：高立全　男，1926 年生，楚雄彝族自治州官屯镇下大村务农

采访时间：2018 年 7 月 22 日

我现在 90 多岁了，记得洋派水库是 1954 年 11 月动工，从 1953 年 1 月就开始勘测，是楚雄州的人下来勘察，之后政府就组织元谋、大姚、姚安、南华、禄丰、武定等地方的人来参加建设。这些人给水库抬土、打夯，半年多的时间就完成了主要任务。那个时候没有拖拉机抬土，全靠人工，条件落后，后面州上调拨了两台拖拉机压路，弄好后就开始修水沟，从下面开始修涵洞，一年的时间修通了。修这个水库淹没了一些土地和房屋，据说当时是全省比较大的水库，所以要老百姓搬迁。我们这个乡就把淹没房屋的老百姓搬迁了，有个村子为了让他们搬出去，政府给他们盖房子，帮助他们搬家，每个人出了 100 分的义务工，其实呢就是给的补贴，至于现金是没有的，大家知道政府也没有钱，人们都想把工程早日建成。工地上生活比较苦，搬迁盖房子时候我们也去抬木头，那时年纪轻，我们是两个合一起去抬，计算你抬了多少木头。修建洋派水库，当时这里人完

全搬光了，人民政府的力量相当大。修水库时已经土改了，分到土地的老百姓也是比较高兴的，很多都是自愿参加水库修建的。工地上干活的人很多，男的也有，女的也有，在那用推土车推土，男的重体力活多些，女的一般轻松些，两边山上的人来通知装车，男男女女互相配合一个推土一个装，拖拉机都很少，就是小锤子敲石头，用人工把它造起来，四个人拉铁砣来压，就是打夯，打平压下去，喊着口号打。上面是两台拖拉机压着，那些拖拉机压的时候还带大轱辘，我们当时也是第一次见。

这个水库是政府组织的，通知乡里、县里召开会议建这个水库，这里天旱水涝，那时大坝都没有，一到天旱的季节，水存储不够用，所以国家建设水库解决用水问题。坝址上面有一条大河，有 15 米深，从水库那里出去，所以要修大坝拦住。水库修好有好几万人受益，灌溉用水有了。县委开了个关于水库管理的会，上面派人管理这个水库。就这样洋派水库修好了，老百姓生活比以前好多了。那时从各个地方来这里的人都有伙食团，一天三餐早上 8 点吃饭，中午 12 点吃，下午是 6 点吃，各个单位的广播一响说开饭了，各单位就来了，各个单位有各个单位的厨灶，伙食员把蒸饭的水桶抬出来，自己吃多少打多少，吃完以后炊事员来把盘子一收，碗筷每个人洗自己的，洗完就拿着走了，各负其责，还是能吃得饱的。修水库的人很多，外来的一些人住在茅草房里，就是所谓工棚，茅草房也是边建边住。管理有中队长，中队长负责工具的管理，在哪里做工，在哪里挖土，弄到什么时候，应有哪些人，这样布置好每一段。那个时候机械化不高，主要人搬、人抬、人挑，还有用推车推，如果自己带的工具坏了那就自己去买，公家不给你。1955 年 10 月完工，开庆功大会，庆功大会上前面坐的都是工地干部，后面都是老百姓，从前面看下去黑压压的一片，有成千上万的人，领导上去讲话时，大家规规矩矩，一句话都没有人说。我在那个水库干了半年多一点，也就知道这些事情了。

口述人：董德华　男，1937 年生，楚雄彝族自治州官屯镇上大村务农

采访时间：2018 年 7 月 22 日

我现在年龄大了，记忆力不行了。洋派水库是 20 世纪 50 年代初期修的，那时政府动员禄丰和大姚县的民工，他们都来帮忙了，是赶着来拉土的，很多村寨都派人去了，不同地方的人负责不同的任务，比如挖土、挑土、拉土、抬石头、打夯等。那时没有机械，全靠力气，丝毫没有什么技

术，不管你年龄多大，靠体力干活。在洋派水库做工时我不到20岁，还是有力气的。在工地上大家先做工棚，砍一些树，找一些茅草，等等，弄好以后又浇打了一些围墙，就是一个简陋的工棚了，一般也能防水防毒蛇的。很多外地人住在里面，打通铺，我们当地的回家住。吃饭还是能吃得饱，三顿饭，有些补贴，有时自己也从家里带点。工地上有个指挥部，一些公职人员在那管理，下面还有负责安全的、做饭的、采购的、各地方的队长等，分工还是比较明确的。我就是挑土，加班也有，但都是当天完成当天的任务，劳动力好的工分高一点，比如年纪大的挑土，挑得满满的，年纪小的就少一点，工分就少了，所以工分是有区别的，那时候国家给钱给粮米都吃不完，工资就是活干完了拿回来用的。

工地上有个大喇叭，就是广播了，什么时候上班啊、下班、休息，都是通过喇叭喊，有什么通知也是通过喇叭喊，有时候大喇叭也放歌曲，是一些革命老歌，听起来还挺提精神的。做完工有时也给我们放场电影娱乐一下，用现在的话说就是劳逸结合。工地上干活还是比较累的，都没有机械，人挑肩背的，干完活大家都想早早休息，一般也没有什么娱乐，也没有休息日，有时休息半个小时，给你喝水或给上厕所的时间。那时工期还是紧的，也不敢偷懒，有监工（就是班长）看着你，如果偷懒是要被处罚的。那时这个洋派水库占了一些地，搬了一些人家，补偿得不多，国家没有钱。这个水库对我们来说还是有一定好处的，灌溉用水有了，之前发生大旱没水，人也没水喝，现在有水灌溉了，真不容易。那时新中国刚成立不久，你想想修这么大的水库真的是不易的，老百姓和国家都不容易。

口述人：董兴摇　男，1935年生，楚雄州彝族自治州官屯镇上大村务农

采访时间：2018年7月22日

这个洋派水库规模大，两个乡共迁出去800多户。到了开工时，从各县来的有一万多人，姚安的是最主要的，大姚的是协作的，其他的牟定、南华也有，当时的县长是从州上派下来的，说话很率直。当时建水库的条件很艰苦，地又硬，没有机械，从这里拉出去的石头，没有机械，需要人去撬去挖，后来借到了两三台拖拉机来压。当时生活困难，我们一个大村组成一个伙食团，粮食是从自己家里拿点背着过去，水库修建的时间又长，将近4个月。你们没经历过这种劳动，不知道那时的艰苦。工地上的

民工大约13000人，大家又盖棚子又打地基，又要砍木材还要防着被偷，另外还要帮助搬迁。当时老百姓听话，让做什么工作就做什么，很多人就是挑土，从这边挑到另一个地方，有的也用马车来拉，条件相当艰苦。那时候有啥吃啥，菜买不到，肉只有一点点皮，就是用锅吸一吸肉油，放一大锅水煮煮饭就这样，老百姓吃得也少，面也是拌起来吃的。当时要是完不成任务，就不给记工分，要挨批评的。有些小伙调皮捣蛋，是要进行思想教育的。工地上年龄最小的有10多岁，年龄大的四五十岁的，来自不同的地方。

当时建坝下着雨也要去干，要赶工期的。老百姓吃苦就是在我们这一辈上，上面的干部负责规划，剩下的就是我们自己施工，当时条件能这样也不错了。那个时候条件艰苦，修水库要淹没土地房屋，我们这里属于受益区，搬走了一部分人。当时道路不通，搬迁的时候，家具是自己挑着走的，有的用麻袋装好，自己背着，挑不动就扔到山谷里。工地上分工还是明确的，该上土的上土，该挑土的挑土，该挖土的也去挖土，那些女娃娃和男的一样，男的做什么女的做什么，男的挑担女的也挑担，一样的计工没有什么区别，女民工也是喊你挑担就挑担，喊背土就背土，不能背不能挑的就去挖土，休息的时间比较少，有人在那里巡逻。那个时候这么大个工程没有出过什么乱子，大家都比较规矩。像我们吃住在工地上，在棚子里面男的住一边，女的住另一边，不让寒暄，时间到了就回家或食堂，下班回去也没有人情交际，不会有什么谈话，不会出现男女搞对象，否则被遇见了就要接受批评教育。虽然平时有的人有摩擦但不准打架，管理还是比较严格的，路就这么宽，有人撞了你，你也撞了别人，说句客气话就过去了，但有些人说怪话就会被批评教育，这是为了保证工地秩序，不能骂人，不能影响人的工作，脾气不好的不能挑事。那会儿一天给7分，不管男工女工就是补贴七角三分钱。

口述人：苏启寿　男，1931年生，楚雄彝族自治州官屯镇下大村务农

采访时间：2018年7月22日

我住在坝子上面，1954年正赶上他们来这里招工，招工以后把我调到官屯大队（音译）守山做石工，做了一段时间就回来了。修水库的时候全州很多人都来了，每个县的不同村寨都抽些人过来，估计有10000人。那时没有机械，挑土是用肩膀挑，打石头也是人力，还有抬石头都是人工。

我在坝子上面干了四五个月，然后我们这里的大队就不去了，让我们撤回来。当时，人很多，民工去挖土，挖了以后统计一个生产队挖了多少方就给多少工分，然后去开个条子回来，拿去生产队里评分，评分就是分红。当时全县的很多人也有其他县的人来，一般一个生产队有100个劳动力要抽30个人去修坝。这个水库属于公助民办，不是说国家给民工工资，而是做完规定的任务后回到自己生产队上领工分，就是老百姓出工。国家也没有钱，当时每10工分发两角钱给民工，补贴就只有这一点，那时没有机械，体力好的给10分，不好的给8分、7分。

以前我们这属于楚雄专区，各个县抽调一些干部组建了洋派水库工作指挥部，下面还细分为姚安工区、大姚工区等，工区下面还有各乡区，干部主要负责管理分任务。晚上还要开会，白天哪个单位干的活多就评一面红旗，挣一个红旗评两个工分，大家热情还是蛮高的。工地上有个大喇叭主要负责通知上工，有时还放些革命歌曲。上工人数最多的时候能达到两万，这是很不容易的。这么多人，附近村寨的就回家休息，较远的就盖工棚，工棚比较简陋，但基本能遮雨挡风。现在这些年轻人见都没见过，我的曾孙子说不相信这么难。当时纪律很严格，说一句怪话都要批评你，进行思想教育。虽然条件艰苦，但当时还是没有逃工的，大家思想觉悟都比较高。1956年大坝修完后，又加高加厚了，这个工程是我们姚安县来负责建设的，现在的年轻人没经过那个年代，说了你们也不知道其中的艰辛。

麦子河水库的记忆

麦子河水库是新中国成立初期云南省最早修建的两座中型水库之一（另一座是洋派水库），位于陆良县城西南8公里。该工程于1953年开始勘测，1954年进行地质勘探和设计，并在这一年年底成立了工程指挥部动工兴建，抽调民工，嵩明县派出牛车马车等参加施工，很多地方组织支援。1955年8月，主坝和副坝完工，水库开始蓄水并受益，并在同年成立了麦子河水库管理所进行专门管理。水库坝高21.2米，总库容1430万立方米，设计灌溉面积3.6万亩，实际灌溉2.14万亩。麦子河水库在当时对全省的土坝施工起到了良好的示范作用。

口述人：他许元　男，1935 年生，曲靖市陆良县马街镇庄上村务农

采访时间：2018 年 8 月 7 日

麦子河水库有上万人参加修建，我记得 1955 年就完工了，当时很多地方的人都来，都是各村抽调过来的，主要是男劳力。工地上那时哪有什么机械化，都是人工，人挑肩背的，所以工地上人数比较多。我在水库那边做了一段时间，各种各样的活都有，挑土，装坯土，我们装上往街口那边送。工地上还有小轨道，用轨道车装土，就像火车，效率高、速度快，减轻劳力。晚上我们回家，工地上住不下了，人都住满了，光人就有 10000 多，很多工棚，都是给外地的民工住的。

修水库用的粮食都是国家供给，不让老百姓带一颗来。说实话相比当时自己家里的伙食吃得还可以，有时还有肉，一个星期或者 10 天左右供给肉。下面里有个食堂，可以吃得饱，我认为比农村的生活好多了，一个劳动去干半天，就相当于半个工人了，国家还补贴粮食。当时没有拖拉机，条件比较艰苦，现在我们国家发展到这个地步，修工程全都是机械化。麦子河还有首歌："麦子河修水坝，毛主席的主张好哪，修好坝啊多打粮喽"，所以我们拥护，老百姓支持。

口述人：俞礼忠　男，1937 年生，曲靖市陆良县马街镇庄上村务农

采访时间：2018 年 8 月 7 日

那时修水库的民工大部分住在家里，就是住在私人家里或庄上，一家住几夜，我们家就是，天一亮就去干活了，晚上又回来。也有在工地上搭建工棚的，工棚比较简易，砍些树枝搭建。那时修水库要靠人挑、推车、挑土，拿筐斗盛土。当时，我哥哥就在工地上做工，白天修坝，晚上就回家住。工地上有个大喇叭，广播响着，一天热热闹闹的。那时没有拖拉机，大部分是打夯，打下去，打了一层再烙上一层。当时 8 个人抬一棵树，树敦比较粗和结实，踩下去，抬起来，拉着绳子来回压。我年纪大了，有些事情记不起来，记忆力不行了，记得当时老百姓栽谷子要靠天下雨才可以，如果年景不好，没有雨水，就是旱田，就无法栽秧，庄稼产量就低，打了坝以后，不再怕天旱了。土地改革完成以后才修这个大坝，那时水库占的田地是私人换出来的，土地都是良田，田地收获以后才打坝。当时换地没有补贴，但老百姓高兴修这个水库，修好后把水装起来，要水就放，不要水就关，可以一年年用。

修这个水库的时候，我们家住了30多位民工，在楼上住着，堂屋里也睡着民工，他们都是外地派来的，早出晚归，早上起来吃早点，吃完饭就上班。也有的民工住坝上，搭个篷子，遮风挡雨，条件差，住私人家里面就是早出晚归，也不打扰我们，吃饭做活都在工地上。大部分民工负责挑土，拿筐子挑，有时大风一来，刮得民工不像个人，到处都是灰尘。一般几百个人组成一个伙食团，有专门做饭的，伙食团七八个人负责做饭、买菜、择菜。那时有个钟，一敲就表示吃饭了，饭后就去上班，晚上回来住，那时肚子还是吃得饱的，老百姓家里也有粮食。当时修这个水库农村还没有成立集体，一家一户单干，老百姓自愿去，我家劳动力多就多抽一个去，我大哥大我2岁，他一开始就在那里打水库，就是吃饭干活，没给钱。那个时候分工明晰，不同任务谁负责完成，都是有明确规定。这个大坝修起来对我们这个村子来说还是有好处的，我们也算受益。原先一到干旱年份，老百姓的庄稼颗粒无收，现在共产党领导老百姓修水库，水旱灾有保障了，粮食产量提高了，老百姓也高兴了。

口述人：李培文　男，1935年生，曲靖市陆良县马街镇小龙潭村务农

采访时间：2018年8月8日

那时旱田多，干旱的时候老百姓喝水都困难，更别说庄稼牲畜了，修了这个水库，解决了水田灌溉，主要还是马街这边用水的问题，以前马街好几年没有下雨，修了水库以后好多了。当时修水库，家里没劳动力就不用去，有劳动力的就要去做活，你帮帮我，我帮帮你，团结协作。我开始上工地就挑土，天天挑，早上大约6点就开始了，挑到11点，有个喇叭，放广播，广播一响就吃饭，饭后休息一小时，又开始挑，挑到五点半，广播响才吃晚饭。我们不识字，没有文化，很多事情记不得了。我们那个中队长，30多岁，主要负责分派任务和监督我们的工作。我们那会才十七八岁，还是娃娃，不过很早就做活了。这个地方有三四十户人家，组里派人去工地，修了差不多半年才回来。我们这边去了10多个人，整个曲靖专区都派人过来，簸箕、锤子、鸡公车等，有10000多人，就跟赶街一样的，到处都是人。不同的寨子都有人负责管理，大家分工比较详细，不同地方的人做不一样的活。

这么多不同地方的人共同完成工程任务，大家不是很熟悉，任务也不一样，所以住的地方也是分开的。不同寨子的住在一起，也有住在私人家

里的，也有搭工棚住的，住在别人家里的也不会影响人家，就是晚上回去睡觉，早上很早就起来去工地了，吃饭都是在工地上吃的，有专门的伙食团负责。住在工棚里的，条件相对简陋，一般是几个人到山上砍树盖起来的，搭建起的工棚遮风挡雨是没有问题的，不过冬天就比较冷一些。当时条件还是比较辛苦的，洗漱都很困难，最多就是洗洗脚，洗洗脸，夏天可以洗澡，冬天一般不会洗。工地做活也比快慢，就是比赛，分到多少任务，提前完成了就会受到表扬，要戴大红花的，拖后腿的就要挨批评了，表扬也就发点毛巾肥皂之类的，没有所谓的钱奖励，那时讲究的是无私奉献。当时一般一个中队一个食堂，还是在外头煮，拿帐篷遮起，每个中队轮流吃饭，炊事员拿个大箩筐，把饭抬到外面，大家排队打饭吃，饭菜比较简单，一般都是青菜，四五天左右吃一次肉，生活吃饭还是比乡村里好很多的。当时条件虽然艰苦，不过这个坝质量很好，比如我们挑的土，里面是不允许有草根这些杂物的，打得很结实，这都有人负责检查，工程质量完全有保障。

回忆白龙河水库

白龙河水库坝址位于华宁县普沼村的白龙河河谷中，距离县城约 7 公里，水库始建于 1954 年。当时是一座蓄水为 6 万立方米的小坝塘，由省农业厅水利局拨款 6000 元建成，坝高为 6 米，作为在石灰岩地区筑坝的实验工程，经过 3 年的蓄水运行，没有漏水的问题。在 1956—1958 年进行了首次扩建，库容扩大到 72 万立方米，经过前后三次扩建的白龙河水库，总库容达到了 1200 万立方米，并在 1964 年成立了水库管理所负责日常管理。

口述人：张兴元　男，1934 年生，玉溪市华宁县高茶寨务农

采访时间：2018 年 8 月 4 日

修这个工程，我们生产队安排三个人先去砍木头，砍来之后盖房子，把房子盖起来之后才让民工住，然后去铲草，铲完草之后清理白龙河的水沟、涵洞，把涵洞清理好之后去我们就去抬石头。有一个叫李文靖（音译）的，他属羊的，可能比我大六七岁，分到我们那去抬石头。我就和他一起去抬，上坡的时候我在前面，下坡的时候在后面，把石头抬到涵洞我们就下来了。那时到大年三十挑两个土方就回家过年，回家之后我们就没有去了。后来是去白龙河放水。这个工程淹了朱家村，朱家村就只能搬

家，现在已经不存在朱家村了，大多数人都已经搬了，只有少数人没有搬。后面的人都陆陆续续搬到各村各寨，后来青龙潭那里搬去了六家，我们这里搬来了七家，右所那里搬去了两家，郭家营也搬去了几家，朱家村从此被县里除名。从 2006 年开始朱家村每个人每年得到补助 600 元。当时在村上工作的李家宝（音译）去动员朱家村搬家，没成功，上面的领导责备他，下面的人也不配合他，他挺受打击的，那时候搬家确实不容易。

修建好大坝之后，县里说要投资去浇灌，发动民工去拉土铺成大坝，当时已经成立合作社了，如果没有合作社我们也不会去修建白龙河的，我们出工出力，国家给我们补助点粮食。我是当民工的，开始的时候说盖房子，然后去抬石头，抬完石头后，我们刚好到腊月就要回家过年了，然后水库上说在西门这里挑两个土方就可以回家了，挑不够就要继续挑。盖房子砍了很多树，前线的人来盖的工棚要住八九个人，女的民工割茅草，男的就砍木材盖房子。白龙河这边也没有树了，西冲那边有森林就去那边砍，然后盖上茅草建成房子。这个房子不会漏雨，因为铺了好多层茅草，盖好房子之后就在前面挖了沟排水，然后就各自分工干活，修这个水库需要多少材料都是有计划的。抬石头是有工分的，我们两个人抬，挑多少石头就有多少工分，没有一定标准，有的标 5 分一个，有的标 3 分一个，我们当时年纪也小就只能抬 3 分一个的，5 分一个的也抬不动。标 5 分的石头要 4 个人抬，两个人抬一侧，抬石头还是比较危险的，有时会划伤擦伤，也会肩膀疼。

当时工地安全意识比较高，有专门的安全监督员，主要是向大家宣讲些安全方面的知识，巡查一下施工过程中是否有安全隐患。不过老百姓很多都是文盲，不认识字，讲完也就忘记了。工地也有卫生员，划破、擦伤、生病都会给你拿药，拿药不要钱，买了多少药指挥部会去处理，贴的膏药也不要钱。修这个水库，工地基本没有发生重大的伤亡事故，就是一般的擦伤、崴脚等，简单处理下就行了，安全工作还可以。工地高强度的劳动有受不了逃跑的人，但是没有用，跑了也要把他追回来，问你是哪个队，会教育一下，但是只要你老老实实干活就不会被批评。在白龙河干活的都是农村里的人，如果不干活就维持不了生活。但是建这个水库是值得的，建好之后我们也受益了。当时刚开始去当民工的时候，吃饭是不受限制的，到 1956 年前后才节约粮食，用称称粮食吃，能节约一点就节约一点，毛主席说一个人节约点那全国就节约了很多粮食。

工地上条件艰苦，一天很难说洗澡，夏天洗澡就去河里，用冷水洗，平时可以烧一些热水洗脸洗脚。我们一个队一个伙食团，就是军事化管理。衣服也不讲究，当时一个人发三尺布票，衣服破了也就东补西补地穿了。有少数人挑土的时候拿衣服垫着肩膀。大部分人根本没有，下雨也只能淋着，太阳出来又晒，一个人也就一两件衣服，都穿坏了。一个星期会去看一次电影，开始放的电影没有声音，过了一两年社会发展才有有声电影，我们各村各寨还带着孩子去看电影。工地上男男女女都有，分工不一样，女的割茅草，男的砍木材。在白龙河的时候女的就去把地基砸结实，两个人在木头两端砸，固定地基。不同于现在的机械化，那会儿都是用人工，然后到1967年前后才半机械化，工具都是自己从家带的，炸药都是管委会的，工具坏了就回家去换。这个水库修好后有人专门负责管理，政府还是比较重视的。除了派人专门负责外，我们老百姓也经常参与维护，有时是义务工，有时给点报酬。用水要交水费，但有了水粮食也增加了，总体来说这个水库还是发挥了应有的效益，大多数老百姓还是满意的。

口述人：王汝树　男，1938年生，玉溪市华宁县西门社区下高田村务农

采访时间：2018年8月4日

我6岁半的时候就帮人放牛，1953年开始修白龙河。当时基本没有机械，都是用人工运，人工挑着，后面又接着修沟坝，当时条件不好，吃的也差，一个星期才可以吃一次肉，两毛钱的伙食，那时我们还是小孩，不管什么能吃饱就行。1958年通知我们去当兵，1962年以后才回来，回来以后，上级看着我平时为人稳重，老老实实干活，让我在大队当了干部，又听说我以前是个民工，做的时间也长，就让我去带领民工继续修白龙河。我们分成四个班，6小时一个班，每个班我都要去，大坝完工的时候我爬都爬不上去，太累了，但领导把这个任务交给我，我就要好好负责。

你们应该也看见那些沟坝了，都是我当时带着民工一起修的，我跟那些民工的关系很好，所以我才记得这么多。当时在白龙河，用肩头扛那些沟草，把该挖的都挖了挑出去，完全是用人工建了好几年才成功，也没有炸药之类的工具。后来我当兵回来，就用炸药，用人工去打洞。我分的四个班都去打洞把炸药放进去，埋好炸药后，就得爬坡，当时我爬不上去。

虽然技术先进了但还是苦。有些苦就不提了。那些洞炸开之后，里面空气很稀薄，哪里位置不对，就得人工推，然后加固。白龙河有次发大水，淹了很多土地，都差不多淹到家门口了，后来有这个水库大坝，1954 年的大雨被拦住了。现在的年轻人理解不了我们当时的苦，但那时确实存在，现在生活好了，也不能忘本啊!

西河水库工地日常

西河水库位于曲靖市西北 25 公里，是根治南盘江的重要枢纽工程之一。该水库由省农业厅水利局 1952 年进行初步勘测，经过数次查勘，1955 年提出了《西河水库设计任务书》《西河水库施工报告》等。1955 年 11 月 5 日动工，1956 年 5 月 25 日完成土坝、输水道和溢洪道工程，1957 年 3 月完成拦河坝配水工程和南北干渠工程，最大库容达到 3030 万立方米。水库建成后成立了管理所进行专门管理，建库以来最大灌溉面积达到 7. 72 万亩，一般可灌溉 3. 3 万亩，并承担了部分的工业生产和生活用水。

口述人：张小昌　男，1936 年生，曲靖市沾益区龙华街道扯寨村务农

采访时间：2018 年 8 月 9 日

1955 年这个水库还属于国家工程，测量后就开始修建。当时我 18 岁，从修水库一直在上面做活，没有回过家，直到水库修完。当时吃饭的问题工地上会解决，我们只需要带着铁锹、锤子、铲子和被子就可以了。睡在工地外面搭的篷子里，盖上席子就行，比较简陋。一天吃两顿饭，平时还杀猪，有豆腐，吃的不愁，水库上做活的人都能吃饱，生活条件比农村好。当时年轻，去了好几个人，现在只剩下我了。我在这里挑泥巴、挖土，那时没有什么机器，全部都是人工，只有小推车，两人抬，还有像小火车一样的小翻斗车，修这个水库都是人挑人背，用了很多的人力，还有用轨道安装起来的小火车。

因修水库迁移了很多户人家，搬迁也有一定补贴，有安置房，不过不多，三峡水库的移民落实了，现在每年每人能拿 600 块，拿 20 年。当时修水库是安排一个村去几个人，不去也不行。陆良、师宗、罗平、宣威都派人来修，几个县共 10000 多人来修，大广播喊着，电灯照着，大广播主要是宣传，分队长用话筒在大坝上喊，不像现在广播、收音机什么都有了。工地上有指挥部，设有大队长、分队长。我们是一个大队，分队带着去

干，在工地上挑了一年多的土，有的人拿大篮子背，我们用肩挑，有些人干不下去的时候会逃跑，那个时候政策很严。当时在水库上干活的几乎都是贫下中农。当时做活也没工分没钱，乐不乐意都要干活，为国家效力。从早上起来一直到晚上，只有吃饭的时候休息会儿，一天吃两顿饭，早上晚上各一顿，从仓库运来的米还有谷子，用电磨碎。记不得一天挑多少担土，没有人监督，都是自己干。当时工地上有医生，打针吃药不要钱。请假、休息的时候可以回家，吃饭后又上工地，住在自己家里，早上鸡不叫就出工，晚上大约6点就收工，有专门上夜班的，实行三班制，这个班上那个班就休息，我们干的都是白班。当时条件差，洗澡什么的就是回家自己烧水洗。当时修的是土坝，中间用水泥，土坝质量好，要求严格，工地上有指挥部，下面是大队长，再到分队长，中队长属于干部，不干活，分队长也不干活，主要是民工干。修这个水库基本没有水泥，用草坪中的土、红毛泥当水泥用，把废土全部清理掉，用底下的好土。有的用人挑，有的分队拿小车推，推到坝脚下，另一队人又来推送到坝上去。

口述人：艾绍文　男，1936年生，曲靖市沾益区西平镇张板村务农

采访时间：2018年8月9日

修这个水库不容易，这个水库是由政府多个部门组织修建的，很多地方支援我们村子50多户人家，派出60多个人，24小时轮番修。记得当时领导修这个水库的县长姓白，他在曲靖当副县长，修这个水库的目的就是蓄水灌田，比如，插秧的就是这个水库的水。那个时候修水库政府提供粮食，工地一天两顿饭，吃得饱。修水库时，我们住在村里那些搬迁出去的移民家里，后面这些房子拆了，水才能灌起来。搬迁的移民比较多，我们村都搬迁了好几户，附近的村子都有搬迁。这些移民有的分散安居，有的集中统一管理，政府补贴200元钱，并帮助他们盖房子。移民搬迁过来暂且住在人家房子里，各个村子都安排住，他们和当地的老百姓相处得还可以。

那个时候工地上主要是挑土，要把山上的土挑完堆起来。修那个水库要用夯，8个人用一个夯，是石匠打出的夯，一个夯有200多公斤，然后8个人的节奏要一样。夯打完之后用拖拉机来压，坝要用夯打一天一夜，拖拉机是政府调来的，都用夯帮着压，那个时候民工的手天天都要磨出一层皮。挑土的都是要从这个地方挑到另一个地方，一天挑到晚，挑到坝上又

要挑到上面去。那个时候苦得很，我才二十多岁，当时工地不给钱，而是村子里的队长去把你的工记下来，等做完工后回到村子里按照工分分红。什么时候回家什么时候统计，一年多少工分，这个都是有记录的。当时有指挥部，指挥部主要负责工地的民工指挥和任务安排，指挥部下面还有负责的人。早上哨子一吹才吃饭，吃饭之后休息 1 个小时然后开始做工，下午 6 点吃晚饭，吃完之后还要加班 1 个小时左右。民工几乎一天到晚都要做工，晚上加班全在那里拉起灯照明，那个时候用柴油发电，工地上灯火透明。加班从晚上 6 点开始，有时晚上 10 点才可以休息，早上 5 点起来洗洗脸到 6 点就要上工。

修这个水库老百姓还是高兴的，尤其受益区的群众，基本都是积极来修的，他们吃穿住都在工地，大部分都是小伙子，也有有经验的石匠师傅，大家热情还是蛮高。过年的时候可以休息一天，大家看看戏，晚上放电影。有时候，工地上也有演戏，都是政府组织人来演戏，演给这些工人看。过年都在工地上，过年的时候生活好，伙食要改善一下，肉还是有的。工地上受伤的也有，死亡比较少，也有医生经常来工地进行查看，民工哪里不舒服，医生就给他打针或者吃药，民工不用出钱。我在水库上做了一年多，等西河水库修好了，开完庆功会就可以回家了。修这个水库不简单，石头都需要很多石匠来打，先要把西河水库里的水从两边抽出来，管子里要打钢筋，不能有渣子从里面淌出来，然后把石头弄上去，管子有 1 米高，一筒接一筒，一头接一头。我记得修这个水库没有姑娘参加，都是男的，当时大家都是自愿去，有工分和分红，还是比较积极。

口述毛板桥水库

毛板桥水库位于南华县城西 15 公里处，因坝址位于毛板桥村而得名。该工程由当时的专区水利工作队负责设计，1956 年 2 月，经南华县第一届第三次人民代表大会决定，按“民办公助”的政策，由受益区按劳动力出工，非受益区按团结治水精神出工协作。同年 3 月 11 日开工，7 月 12 日基本完成了放水涵洞和大坝及溢洪道等枢纽工程，当年蓄水 1500 万立方米。同年开始进行配套的灌渠和大沟建设，至 1958 年完成了 61 公里长的灌渠工程。之后经过续修、加固和配套及水土保持等，该工程发挥了良好的经济和社会效益。1956 年 7 月，水库建成后有 2 人管理，1957 年 5 月正式成立了水库管理所负责工程的日常管理。

口述人：罗开明　男，1940 年生，楚雄彝族自治州南华县沙桥镇沙桥村马路队务农

采访时间：2018 年 7 月 23 日

那会儿合作社刚开始，大家都忙着搞建设，这个水库就是那个时候修建的。我记得在建设水库的过程中，那些被挖出的一个个大石头，都是我们搬走的，没有机械化就是人工搬。那个时候用粮票，记工分，干得好的就分粮食，算上平时的就够吃了，要干不好的话，工分就少，粮食就不多。那个时代粮食缺乏，一家人能吃饱就不错了，凡是出力的都记工分分粮食，最后就根据你对水库的贡献进行赏粮，这对于我们来说是好事，所以在工地上总比在家里生活好。记得当时去工地，我就住在工棚里，简易得很，茅草搭建起来的，能够遮风挡雨就不错了，穿的衣服也没有几件，那时哪有换洗的衣服。买衣服需要布票的，一般拿不到布票，一件衣服都是补丁摞补丁的，夏天就光着膀子。说实话那时修水库也没有工资，按工分计算，苦得很。我去上工就是村里动员去的，说是修水库造福后代，对粮食增产好，还有工分，吃的也不错，所以我就去了，那个年代能靠人工肩挑把这个水库建设起来很不错了。

工地有个指挥部负责指挥，指挥部根据工程需要分部门管理，当时大家分工比较明确，如果干得不好就要批评，干得好也会表扬。工地上的安全很重要，稍有不慎就会发生擦伤、摔伤乃至死亡，尤其做石工的，记得这工地上死了一个人，因为那天在操作过程中，飞出来了一个大石头，正好砸在那个人的头上，当时人就死了，那场面还是挺吓人的。安全问题发生过的就是这个，其余的也没有。工地上有个简陋卫生室，受伤就是简单包扎一下，那时候中药多，西药少。当时是男女都要出去做工，工地上面大小便只要没有影响，一般没人在意，厕所也不多，到处都是施工的，方便不需要请示。当时做工程也不危险，当地政府派专业人员来设计，就是当时粮食定产定量，劳动力好的人粮食够吃，要是家中没有劳动力那种是不够的。修这个水库就开始记工分了，一般男劳力 10 分，超额完成任务的就是 12 分，当然也有七八分的。有时为了突击我们也加班，晚上有时也做工，没有劳动报酬。这个水库修建的质量还是可以的，有专业技术人员监管，做工也不错，对我们的粮食增产有帮助，现在很多人都喝这个水库的

水，正所谓前人栽树后人乘凉。

口述人：夏开中 男，1940 年生，楚雄彝族自治州南华县沙桥镇沙桥村马路队务农

采访时间：2018 年 7 月 23 日

我高中毕业以后就回家了，然后开始修毛板桥水库。毛板桥水库，原来是一座拦河坝，基地相对狭窄，旁边有一条沟，还有一些山地。当时修这个水库是没有工资的，以记工分分粮食为主。有时工地上吃的蔬菜也是从家里拿的，大多时候是购买或者从地里挖野菜。做工的工具都是自己从家里带去的。在工地上，我们事先去山上砍些树枝和松树叶，搭建成简易的工棚，这些工棚主要起着遮风避雨的作用，夏天凉快，冬天就比较冷。我们住在对面的半山腰上，地上用松树叶和松针铺上一层，再铺上被单就成为简易的床了。工地上主要是男民工，女孩子比较少，男的女的分开住。我从学校出来以后就去修这个水库，从刚开始到结束我都参加了，包括修坝、修沟。当时是被分配去的，住在搭起的简易工棚里面。工地上做饭的都是老弱病残的人，他们负责买菜、择菜、煮饭等。我那时年纪小，就被安排挑土，一天规定完成多少，若完不成任务就没有吃的。工地上的伙食很简单，就是蔬菜、大米和蚕豆，就煮一锅菜，有盐就放一点儿，没有就算了。油的话就更不用说了，工地不养猪，猪肉供应比较紧张，除了过节有肉外其余都是蚕豆和米饭。当时，完成任务好一点多一点，粮食就多一点，完成不好的话就少一点。

当时工地生活还是相当艰苦的，无论吃的、穿的、用的，都比较简单。干活更是人挑肩背，没有机械机器，像我们这种年纪小一点的还要随时注意安全，因为到处都是干活的人，稍不注意就会被工具碰着。从开始挖地基的时候我就参加了，地基需要的土是净土，就是干净的土，我们一担一担挑上去，然后用夯压，另一个是铁砣，用绳子拴起来，八九十个人抬起摔下去，当时没有拖拉机、压路机，这些都是靠人工挑起来的，人是一个跟着一个走，走慢了就会被踩脚后跟。那时的环境卫生条件也不好，工地上没有专门厕所，找个没人的地方就方便，只要遮一下就行。工地上劳动力弱的主要挑土，劳动力强的负责抬石头，分工比较细致，当时水泥很紧张，要按质完成也是相对困难，地基是用沥水烧干打上的，还有用胶泥，一层接一层地打起来，打到水不会下渗，然后开始填土，一层一层填

上去，然后又打，等合格了以后又用锄头去挖，挖了坑以后又开始填土，一直这样，挖到哪里就填到哪里。修好这个坝基之后，我们又开始修路，先修小路，然后小路修通之后接着就修大道，一直修到南华去。我们那个时代，没有石头修，就是用土，用筑坝剩余的土打起来成为斜坡，地下也会填够坡度。在修水库的时候，安全也比较重要，记得当时在工地上有个姓赵的书记，他是炸石头的时候被炸死了。就当时来说，人烟稀少，那些豺狼虎豹很常见，晚上会去咬骡子，大家在晚上都要警惕，有民工值班，驱赶那些豺狼虎豹。

毛板桥水库从开始到建成时间在一年左右，因为人也多，各个乡都来，不同乡按照派来民工的多少进行任务分工。当时药房就是村里的指挥部，那个时候在工地上做活的基本不生病，大都是青年人，体力好，感冒头疼的很少，如果感冒也没有人去药房，几乎都是自己采点草药吃。修毛板桥水库最大的好处就是没有移民，占的都是土地，所以一些问题解决得比较好。

口述人：狄发先　男，1937 年生，楚雄彝族自治州南华县沙桥镇向阳村兔耳厂狄家队务农

采访时间：2018 年 7 月 23 日

修这个水库打炮时，炮杆打进去还能响起“咣当”那种响声，那时穿的是草鞋，衣服是补丁摞补丁。当时打石头是小工，水泥是从外国进口的，石灰浆水泥和石头渗在一起，质量差些但能用。放炮炸出的石头，人工打成四方形，规定了大小，一寸就是一寸，一尺就是一尺，严格得很。打石头还是要讲究技巧，没有经验的人干不来，过程还是有点危险，容易被碰着、划破，受伤了也要包扎好再继续。我当时 18 岁学到了打石头的技术，那个时候打石头的就我们中队和另一个中队，后面合并成了一个中队。涵洞是用石头砌起来的，中间用进口的水泥灌浆。当时涵洞那个地方的石头年轻的不敢去打，只有我们年纪稍大一点的去打涵洞。那时工地条件艰苦得很，一些地方比如打石头也比较危险，一定要心细，还要有经验，不然很容易受伤。

我们的中队长去世后，上面又分来了一个师傅，然后又跟着学打石。那个人新中国成立前是当兵的，后来到我们这里施工，是专门管石匠的人，60 岁，姓张，去世三四十年了，他的经验很丰富，也能够把经验传授

给我们。工地上人工背挑，打石头很累人，大家都是咬着牙坚持过来的。当时修这个水库，打石头和放炮是最危险的，伤亡也有，打石头的差不多一二十个石工。我们队当时去的是十多个小伙子，主要是打石头、抬石头，全部是人工，工地上叮叮当当的声音，现在没有这种场面了。

住的地方比较简单，就是工棚。工棚就是砍个树杈砍些叶子搭起来，漏雨之后去砍松针盖起来就不会湿了，漏了就白天出去晒，晚上收回去，简陋得很。当时指挥部干部不和我们一起劳动，记得有个涵洞，领导叫我们五六个年轻的去，那是在寒冬腊月的夜里，寒冷得很，没办法，不去也要去，这是分给的任务，必须完成。如果超额完成任务，就在广播里表扬一下，工地有个大喇叭，除了唱些歌曲就是表扬批评。如果下雨，我们就不打石头，在棚子里面躲雨，不下雨了就开始干活，把石头劈开，大体上想一下这个石头怎么劈开，这样做一天能打多少打几尺心里都有计划，五面石一般都用工人撬，一个拿出来再进行打磨，用于砌大坝。当时各种打石头的技术我都学到了，后面有了经验就越打越熟了，石头怎么打好看都学会了，听声辨石，看石打石，那时候年纪小，现在活到了 82 岁，真是不敢想呢。

伙食方面，开始我们一个小中队吃大锅饭，后面就与另一个中队合并一起，主要在一起打涵洞，当然也吃大锅饭，那时大米也缺少，就用大麦面蚕豆拼在一起煮一大锅，各自想吃什么就自己做，也不限制，可以吃饱。一天两顿饭，晚上加班给补贴或给粮，加一晚上给一两或几两米又或是几分钱，夏天又热又难咽，没有煮化，盐也不多。那时工地上也有糕点，民工用补贴去买些解馋。这些糕点是供销社弄来买的，烟那时不用票，后来要用烟票、糖票了。工地上有女民工，很多是一些大姑娘，谈恋爱就害怕被发现。打石的没有妇女，那不是女人干的活。那时候手开始都有水泡，后面有老茧了。晚上就想着打草鞋拿去穿，也有穿的是自己老婆送的，洗好脚换上去，要上工就脱下来放在住所。晚上就只是小组长开会，看看自己小组完成多少，没有完成多少，将纪律严肃地交代一下。那个时候排到自己不去又不行，硬着头皮去，年纪轻也要去干。盖工棚我也爬上去一起干。工地上有个广播，就播放革命老歌，放一放好人好事。

我认为我们现在这个地方富裕起来得益于这个水库的修建。水库质量是有要求的，会挑会背的拿箩筐挑土、背土，大片挖掘起来而打细，一层一层铺起来拿实木压起。那时也没有用电，上夜班的人喝水要去沟里挑，挑回工地烧开了喝，挑去工地然后烧开了喝，我们一中队都有炊事员煮饭烧水，烧一锅摆着，有些人有个小背壶，背着一口一口喝。工地上没有打架的，那时要批斗的，工作质量完不成的，出工很慢的，就该批斗了，打人是小事了。那些调皮的，逃跑原因是活太累受不了或是生病想偷懒。现在毛板桥水库建起来了，旱涝保收了，土壤肥沃了，粮食也多了，以前就靠河边有收成，不靠河边什么都种不了，现在有水了，水库也有专门管理机构，整体上还是可以的。

口述人：段桂英　女，1938 年生，楚雄彝族自治州南华县沙桥镇向阳村兔耳厂周二队务农

采访时间：2018 年 7 月 23 日

现在年纪大了，讲不了多少了，都是年轻时候的事情，难得很，不想去回忆了。就记得打水库就要掏红土、拌沙子、筛红土。工地上分组把红土筛细，洗沙子，洗石灰，还有打炮，一般晚上 10 点下班回来休息。我们中队上的一个哥哥对我们很好，他在前面带工，我们在中间，他很关心我们，在我们晚上要睡的时候拿一些篮子给我们拦起来，主要是怕那些野兽。工地上人很多，做的活也不一样，安全就很重要，当时有石头砸伤的，碰到就是弄点药，揉一揉。我们女工做的活比较轻，负责洗沙子、筛红土，红土就是我们这个组筛的。红土是在水里面站着洗的，当时我十几岁做不来，如果偷懒逃跑就要受到思想教育，还是要坚持的。我们有 13 个姑娘，筛红土水、拌石灰浆都要做，弄好就挑去浇灌，这个组有男的也有女的，很累很苦，尤其年轻的女孩子，现在得了风湿病，一到阴天就会疼腰，这都是当时在水中筛沙落下的病根。那时候有工分，有了病，没有补贴，要吃什么家里带着去。

工地上偷懒这些也是有的，干慢点、吸烟、勤去厕所等，但有任务，你完不成任务也无法偷懒，不然就要批评了。我在工地上待了半年多主要是筛土、淘红土。筛子里的沙是需要洗出来的，我那时是 13 岁小姑娘，腊月就让我们去了毛板桥水库，生理期基本没有休息，差不多半年在水里泡着，一般也不请假。那时候很少生病，穿的衣服也简单，带补丁的，晚上在灯下自己补，借着月光在沟里洗衣服。水库修了半年多基本就差不多了，很多民工也就各自回家。当时没有报酬，男女的工分是一样的，干不

了而走了的没有，回想这些就感觉现在好多了。

口述人：周朝典　男，1939年生，楚雄彝族自治州南华县沙桥镇向阳村兔耳厂周二队务农

采访时间：2018年7月23日

开工就是锄头挖，然后开涵洞。涵洞是最难的，机械那些也没有。打大坝是用木制的夯，4个或6个人拉着打，白天黑夜都在干，没有休息时间，工地上用人挑人背，没有机械，效率比较低，都是人海战术。当时上工的有10000多人，用红土拌石灰打渡槽，几个渡槽打了6个月。这算一个大水库了，去干活给补贴粮，也没有工资，就是给一点粮食，说实在的，就为了粮食拉扯那些小孩子，挣口饭吃。当时是不同的村都要派人去，有中队长、小组长，有管伙食的，有验方员，我们是一个中队，150多人都是年轻的男女，一般20多岁，我当时16岁穿着半短腿裤就去了，先是挑土后来又去弄钢筋，用于隧洞浇灌，当时水泥少，外边用石头，多数就是挑土抬土，有用背篓背的，有用箩筐挑的，没有马车老百姓自己带着工具去，坏了自己修。锄头都是自己的，多轮车都没有，不像现在都是机械化。

毛板桥指挥部的喇叭有时通报通知，有时放放革命歌曲，指挥部下面有财务的、后勤的。各个组的中队长去开会，主要是商量如何提高速度，如何按期完成任务，这些中队长不干活就去转悠指挥，每个中队都有，多数就是挑土了，这个地方烧红土，那个地方么又组一些队去挖红土，然后组织些人去挑，在山中烧好了之后把土再筛，筛细了拿来拌石灰。也有石匠凿石头去打渡槽。毛板桥那有个山，石头主要是在那里打的，用炮炸了以后敲下来打磨成四方形，放到一起看看有没有缝隙，基本能达到无缝隙的标准。大家住在山腰的草棚中，用树叶搭建的那种，那时候树又好又多，男女分开住。下雨就用松针遮起来，没有油布，就用蓑衣盖着，还是漏风漏雨的。当时一个工棚住100多人，都是打地铺，有老鼠有蛇，晚上睡觉老鼠啃脚，住宿条件比较艰苦。

工地上有女民工，她们这些女民工也是挑土，男女干活都是一样的，计分一般也差不多，男女分工一样。那时是义务出工，在工地上受不了也没办法，还会有批斗现象，完不成任务的就批斗，不敢偷懒，中队长那些监工员看着我们劳动，完成任务就可以休息。吃饭一般也是定量的，不是

想吃多少就吃多少，反正是撑不着，饭量大的吃不饱就饿着了。那时候做活认真，这个水库质量好得很，当时验收审核是非常严格的。水库修好后就有管理，这是南华的第一个水库，旱涝有保障，对当地老百姓有很大帮助。

松华坝水库见闻

松华坝水库是“大跃进”期间昆明市兴修的最大的中型水库，位于市北郊，距离市区 15 公里。1957 年，昆明市建设局委托昆明水电设计院进行松华坝水库地质勘察工作。1958 年，市人民委员会正式提出修建盘龙江水库的报告，经省同意后成立了昆明市松华坝水库工区指挥部。同年 12 月 11 日，工区指挥部召开誓师大会，开始大坝、副坝和溢洪道等主体工程建设。1959 年 8 月 1 日，召开了竣工大会，并于当年成立了松华坝水库管理所，据统计，先后参加工程建设者达到 211991 人次。如今，松华坝水库经过几次扩建和加固，逐渐由农业灌溉用水为主转变为城市供水为主，是昆明市重要的饮用水源地之一。

口述人：张桂芳　女，1947 年生，昆明市盘龙区中坝村务农

采访时间：2018 年 7 月 17 日

修这个松华坝水库的时候，我记得读三年级，中坝村和上坝村都住着外地来的民工，大多数是从农村调过来的，住在家里面也不会影响房东的生活，我家里就住着医务人员和指挥部的领导，相处得很好，像我爸妈一般会用大铁锅烧点水等他们回来洗脚洗脸，有时候家里煮的洋芋会给他们吃点。修水库的民工都是从各村各寨调来的，老年人是不用的，记得在我家住了 8 个女的，他们分为三班制，早中晚，反正就是白夜都做工，我那时候读书，老师组织我们去背土，用小背篓看谁背的多，还发了一个牌子，意思是提高我们劳动的积极性，背的次数多老师会表扬，小孩子纯粹感觉好玩，当然也属于义务劳动。有时候会看到工地上做工的人打夯时喊口号、喊号子。

医务室也设立在我家，主要治一些崴脚、擦伤或者感冒，至于大的工伤是治不了的。记忆里有两个医生，一个医生看病，一个负责拿药，男的估计 50 左右，拿药的是个小女孩。指挥部和我家是对门，有个领导住在我家，开会的时候去指挥部，晚上来我家睡觉，上班都在工地上。这些干部

当时挺实在的，跟着一起去干活，他们吃饭是在指挥部吃，干部的伙食比工人好些，他们根据时间上下班，民工就是根据黑白班轮流做，下雨也要去，披个蓑衣照样干，回来脚上都是泥巴。我们周末放学经常去工地上玩，有时老师组织我们去劳动，帮忙抬土，干一些力所能及的活。听住在我家的人说这个水库当时任务紧，下达的任务需要在规定的时间内完成，所以下雨也要去做，又苦又累。那时候没有什么机械化，不像现在基本靠机器，整个颠倒过来了，那时候主要是人工。工地上有时候也放电影，举办唱歌等娱乐活动，慰问一下做活的民工。

口述人：范翠仙　女，1945 年生，昆明市盘龙区上坝村务农

采访时间：2018 年 7 月 17 日

那时修这个松华坝多数是人工挑，两个人抬，还有就是几个人一起打夯，哪有什么机械化。上面修了一条小路，把那边的土运过来，就是用一个小滑轮，滑到大坝上，这个大坝加固好几回了，有一年，我的小儿子参加了加固大坝。修水库时我 13 岁，去工地上看到人山人海，我主要用扁担、簸箕挑，就是把那些土挑到大坝上，人家用很粗的老树墩，两个人抬着用力捶，打夯。工地上不分男女老少，男的女的都有，分工协作，男的主要打石头、搬石头、放炮等，女的主要挑土、拉车。工地上的民工，附近村寨的都是各自去各自家住，外地来这里的有些搭工棚，搭了些简易的工棚，就是上山砍些茅草、竹子、木材搭起来的，男的住在一边，女的住在另一边，分开住。工地上，不同村寨的施工人员组成一个伙食团，有专门负责煮饭的，一般都是洋芋、苞谷、米饭和青菜，倒是能吃得饱。当时在工地上做活一个劳动日给 10 个工分，挣 10 个工分就是强劳动力了，劳动力弱拿不到 10 个工分，女的一般拿 8 分或 9 分，不过除了技术活，男女干的活差不多一样。我们也挑过土、打过炮眼、拉过车，你一趟我一趟，有时累了就换着做，大家互相协作。有时工地上放电影，大都安排在节假日或者上级领导视察的时候，平常是没有娱乐活动的。原先这个水库主要用来灌溉，现在是昆明城区老百姓的饮用水来源之一，我们也属于受益者吧。

口述人：张全　男，1950 年生，昆明市盘龙区中坝村务农

采访时间：2018 年 7 月 17 日

当时修水库条件落后，都是用人挑，征用了部队两辆推土机，还是从

苏联进口的那种，75 匹马力，那时认为是最先进的。修建这个水库是从各个生产队调人来住村子里，就用 75 匹那个推土机，拖着用碾压。后来，国家又组织民工进行加固，慢慢用混凝土浇灌下去。现在看着是座土坝，实际上它是水泥的，两边都灌注过水泥。

那个时候人们的思想好得很，让干就干了，晚上加班来又挑。那个时候的人老实吃苦，大家在工地上只顾埋头苦干，人挑或者背篓，或者用小斗车，各自弄各自的，分工不同，大家都是认真负责，没有说不干的。当时有住工棚，也有住百姓家里的，该上班上班，睡觉时回家里就行了。吃饭了就去食堂里打几两饭，菜是白菜，一个礼拜可能聚一次餐，就是那种冰冻肉做的红烧肉、回锅肉，后来加固大坝的时候一个月有 6 块钱补贴，其他我们以工分计算，你上一天班了，有几分工分，一般在农村是 10 分。以前的人老实，谁都不敢打架斗殴，要是乱打谁，你就被众人拉去批评。工地受伤倒是有的，这么多人，这么大的工程，肯定会有磕碰的，在工地上发生工伤事故后就到医疗室包扎下，大的伤亡要去大医院，当然医疗费在当时是免费的，现在想想当时还是条件艰苦得很。

最艰苦的还是打隧道，因为过去没有机械，基本就像这样人工建的。现在中国就先进了，只需要操作那些机械就可以了。挑泄洪道我干过，原来都是防洪，这有个护坝，也打了一个洞，水出来下坡，流量大，他就挖了一些削力池，隔一段距离就挖一个方方的池子，水冲下去挡住，上来才淌出去。后面根治盘龙江我也去了，前后有上万人吧，根治了很多年，过去的人老实，人家喊挑就挑，该上班就去挑，下班就走人。我那时还小，我不去，我爸非要逼着去，就是为了挣工分。我们年底有分值，每 10 分工分分 5 毛钱，后面 4 毛钱，粮食也要用工分来算、来分，劳动多，工分多就多分。

那个是带计件性的，你必须挑上去，挑一个才有个牌子，你不挑上去就没有，都是上去打，下来就装，晚上也干。当时苏联的一个专家看上了这个地形，说如果打一道坝在这，下面的金汁河、盘龙江的粮田灌溉就解决了。当然也存在问题，如果从里面打一道，那么就又高 1 米，主要是里面的村还是多的，存在安全隐患，早有计划说还要再打一道，水就存得多了。但是近几年来为什么说水库存不住水，因为我们松华坝这里有个调流井，是从章九河引过来的，一天出 60 万方水，但是安了两个管子供昆明吃水，只放得下40万方，有20万方是倒灌到松华水库，然后“清水江”引水工程又分了一股到松华水库，分来存着，章九河的水如果放在下面不够了，又可以给松华坝的倒灌过来。松华坝水库那边相当于四股水流出去供吃水，这边是后期引过来的，两股供下去，现在70%的昆明市区人都是吃着水库里的水，就禄劝章九河这股。这水库从前是灌溉，现在主要是供城市吃水，灌溉基本没有了。

青春在车木河水库

车木河水库位于安宁市的西南部，主坝高25米，副坝高12.5米，控制径流面积189.7平方公里，设计库容2082万立方米，实际库容1605万立方米，设计灌溉面积24000亩，实际灌溉16000亩。该工程由市水利工作队进行勘察设计，于1958年8月20日成立了车木河水库工区指挥部，下设工程处、秘书处和政治处，各处再进行分工，各公社抽调的民工按照“组织军事化、行动战斗化、生活集体化”进行施工，水库于8月28日正式开工，次年5月4日主坝完工并召开庆祝大会。水库建成后即成立了车木河水库管理所，它负责工程的管理。

口述人：李文斗　男，1936年生，昆明安宁市贺家营村务农

采访时间：2018年7月16日

修建车木河水库是一个村一个队去的，一二十、三四十个男男女女都在一块儿，混在一起来参加挑土，这个是记工分的。外地的一般是搭工棚，或者住在人家房子里，当然男女是分开住的。吃就是一个队组建一个伙食团，有专人负责做饭，我们就在伙食团吃。那时吃饭是定量的，不是用勺子舀着吃，你吃半斤称半斤，反正有些人吃不饱。当时饭菜差，吃得不好，那些老蚕豆豆渣也和饭一起蒸，难以下咽。工地做工的是一个村一个队，主要由两个公社负责挑土，工地上有数千人，成立了指挥部，指挥部原来是在七街，由李区长负责指挥。当时是记工，数“片片”，挑一挑给你一“片”，多劳多得，力气大的，跑得快的，“片”就多点，跑得慢的“片”就少点。你挑了几挑就有几个“片”，按照你的“片”来算工分，多劳多得。以工分计算，没有直接给钱。挣下工分以后，就可以分粮食、分钱。

女的也一样，挑几挑就给你多少工分，男女报酬都是一样的，按照数

目来挂工分。完全是用人挑的，挑满了，用牛拉着碾反复压，不过还是压得不结实，所以这个质量差就是差在这里了，它压不牢，如果要有大拖拉机来压就结实了，不过当时很少见拖拉机。为防止漏水，它最后是用水利局的机器和水泥来打，打下去以后，这个水泥就顺着孔灌下去了，然后边打边倒，弄了两三个月，等于是坝里面浇了一层水泥，所以现在不漏了。吃饭就在村子里伙食团，挑着去，送着去的时候也有，回来吃的时候也有，一天吃两顿饭。有些生病的干不动的也有回去的，有的擦伤划伤了，卫生室最多给你点碘酒擦擦，哪里有伤就擦哪里，这些都是免费的。当然，因为不注意施工安全，也有放炮的时候因为哑炮炸伤人的，但这种情况还是比较少的，工地上对施工安全要求还是比较严格的，不过一般农民也不认识这个利害关系，老百姓文化水平低，很多不认识字，再怎么讲安全，他们也不会放在心上。工地上有指挥部，主要负责管理指挥和安排工作的，指挥部下面还有一些机构，分工还是比较明确的。当然当领导的有时候也一起去干，有时候因为开会也不一定干，主要看任务的紧急程度，一般他们不会挑，就是在队上指挥安全。反正车木河水库挑的时候条件很落后，不像现在都是机械化，那时候全部靠的人工，就是所谓人海战术，每天出工的人数很多，不过条件简陋，工程质量不高，它没有大拖拉机，质量差，土不严、不牢、不硬，所以会漏水，当时质量不高，以后还需要不断续建加固。

口述人：唐培枝　女，1943 年生，昆明安宁市七街村务农

采访时间：2018 年 7 月 16 日

1958 年，工程上马后，需要大批劳动力施工，那时没有机械，全部都靠人，有牛车拉、人挑的，牛车是木轮子，挑了要上坡的用竹子支着，用绳子拴，用扁担挑。半山腰都是人，那时候像蚂蚁一样，人山人海，这就是所谓人海战术。我们村子里的人去挑，因为距离工地比较近，晚上还要回来睡，别的村由于距离远还是集中在工地那里煮饭吃，还要在那里睡工棚。那时安宁、太平都有来挑的，太平乡还属于安宁管的，他们住在私人房子里，村子的领导与那边的领导联系，把那里腾开给吃饭、睡觉，天冷，十多个人打通铺，很艰苦的。吃就是伙食团，一顿四五两，饱不了，十七八岁正是吃饭的年纪，吃点小菜，简单得很，油水又少，主要没有那么多油，那时只要放盐就吃了，放一点油，甚至没有油。

为了赶工程还要加班，加班就基本没有休息时间了，不分白天晚上地做，有时候打盹就挑着在田间睡着了。当时为了加快速度还要竞赛，就是所谓劳动比赛，看谁干得快干得好，累得不行，干了不少，吃又吃不饱，工作量又大，伤亡时有发生，放炮炸死的也有，被上面那个炮炸到，一下就死了两个人。这么多人在工地上劳动难免有碰伤，水库工地上是没有卫生室的，但有流动的医务人员来回检查，看看有没有生病受伤的。当然，如果生病了还是要请假，叫你去医院，看你是真病还是假病，要让医生开一个证明，医生说真生病你才能休息。如果凭你嘴说，你生病了，你不来了，不行！你乱来，坚持不去，你就要受罪，制度比较严！工地上劳动量大，有的人受不了这个强度，或者偷懒或者耍滑，不过这个要是被发现就会挨处分。

口述人：唐于英　女，1935 年生，昆明安宁市七街村务农

采访时间：2018 年 7 月 16 日

我们是女娃娃，当时 20 多了去水库做工，那时没有现在的挖掘机，都是人力，一说你们就知道了，用牛车浇水后，用碾子碾，质量一般般。这个工程比较大，政府组织起来的，记得当时很多地方的人都参与进来，主要是受益区的群众。我们也去挑了，现在我 80 多岁的人，有些事记不得了。那时修水库、修公路，这个水库以及月子庄水库，我都去过，做过工，条件差得很。我们就用两只簸箕、两根扁担做一些筛沙、挑土、拉车等比较轻松的活。比如说当领导的，让你做什么活就要去做，不能不听话，挑来这里，那个又喊挑去那里。那时哪有报酬，什么报酬都没有，政府也穷，你们都是年轻娃娃，还没有出生，不知道这些事情。有个指挥部，下面还有很多部门，管理不同的事务，叫你挑哪里你就挑哪里，一夜一夜地挑，那时候真的苦，像你们都吃不了那个苦的，钻涵洞时，空气稀薄，民工们轮流进去钻，有的喘不过气来。工地上吃饭，用碗端着去，有的端着盆，大家都一样。

修这个水库的时候，一些外地的民工除了盖工棚住在工地上外，有些是住在老百姓家里的。因为民工比较多，远的、近的、男的、女的都有，或者搭建工棚，大家生活也不影响，那时人都很善良，单纯得很。挑水库那会儿，工程量大得很，加上要赶速度，记得扁担都挑断了几根，簸箕烂掉了很多，都是人挑人背，人山人海的，不像现在机械化，都是大家一筐

土一筐土挑上来的，石头也是大家抬上来的，还要打磨，还要打夯，哪有拖拉机和压路机，否则就没有那么辛苦了。我们女孩子很早就不上学了，为了挣工分就要去做活，在工地上干的活丝毫不亚于男的，有时在工地上还和男的比赛，大家都是拿工分，家庭条件差的都想多挣点工分，因为工分能换粮食。工地上伙食比较简单，当时吃饭都吃不饱，生活也艰苦，不容易，我们还是命长，活到现在可以看看如今的社会是什么样子。

口述人：祝尚云　男，1936 年生，昆明安宁市贺家营村务农

采访时间：2018 年 7 月 16 日

这个水库修了很多年了，现在年龄大了，我也不认识字，说不出来，也不知道怎么说，很多都忘记了。记得我们这个村是唐连平（音译）带着大家伙去的，每个队都有几个人去。当时工地上吃不好，有个伙食团专人负责做饭，不过都是大锅饭，汤汤水水的填不饱肚皮。1958 年修这个水库来了很多人，没有机械化就靠人工。我们那时离家近，晚上就住在家里，路远的都是在工地上搭建简易的工棚。我主要就是挑水库，在工地上按照军事化管理的方式，有班长、排长、连长等，一般小队长就是排长分任务，一天分多少任务，干多少活，这必须完成，至于做什么，要看不同连的不同任务，分工是比较具体的，有挑工、石工、泥工等，水库大坝修起来，我们就回来了。工地上休息的时间是有的，那时候，我们在这完成任务，主要是发“片”统计的，一挑一个“片”，一天你完成多少挑土就有多少“片”，按照这个“片”记工分。

当时，这个水库的工程量比较大，受益的地区比较多，各个村都有几千人来参加修这个水库，我们八街下面好几个村都来了。除了修水库，还要负责修水渠，像东大沟，也是很多村寨派人来修的。1958 年的时候我才 20 多岁，现在 80 多了，一晃几十年过去了。当时年轻，有力气，虽然吃不饱饭，但积极性还是有的。修这个水库淹没了几个村子，很多人搬迁到其他地方了，搬迁的这些人有的投亲靠友，有的就近安置，车木河这里搬了三个村，当时很多人不想搬迁的，但没办法，政府修水库不搬肯定不行的，有的村子水涨上来才搬。有的搬到亲戚家里先住，有的在上面搭个简易的房子住着，当时也没有补贴，直到 20 世纪 60 年代才基本解决这些移民的住房和生产生活问题。你们年轻人不知道当时的条件有多艰难，我记忆力不好，很多事情都记不住了，但吃的干的活还是能说上来的，苦得

很，没有机械化，都是人工，还是现在的社会生活好，吃的穿的都有，工地上都是机械化，不再靠人工了，年代不一样了。

奋斗在英雄大沟

英雄大沟位于宜良县，是为解决宜良坝子西部半山区1万多亩田地的灌溉问题而上马修建的引水工程。大沟于1958年7月开始勘测设计，1959年5月成立了工程指挥部，由县委书记和县长亲自指挥，工程按照受益区分段包工的办法施工，同年12月起共动员民工1万人上阵，大沟于1960年6月5日试水，1962年正式通水，之后又经过续修、维修和配套，1970年修到陈家山水库，渠道全长60公里，灌溉受益面积将近1万亩。英雄大沟自修建以来就由指挥部管理，一直到1981年3月交县水电局管，并成立了管理所。

口述人：马留华　男，1942年生，昆明宜良县西山村务农

采访时间：2018年7月18日

这个英雄大沟，当时没用汽车、推土机、挖掘机等机械设备，完全靠人工，大家穿着一双草鞋，衣服补丁摞补丁。整条沟都靠人挑人背，工地人山人海，走到哪都是人，每个工人的分工任务都比较明确，每天要做什么工都有安排。那时这些机械化什么都没有，完全用人工打炮炸石头，没有机器，就是大的石头也要用人工抬，不像现在，挖掘机上去，有石头电钻一下就完成了。那时完全要靠人工打，用大锤打。我们大队分在大坝上负责挑土，规定是70公斤一挑，有些劳动力好的，100多公斤随时都挑得下来。办事处的2个人随时都能扛2包多的水泥。我们那时也就十六七岁，只能抬中号小点的石头。我们一天就只有7两饭，晚上饿了只能买点小饼干吃一吃，你是在工地上的人，别人可以卖给你，其他人他们都不卖。工程是县里负总责，县下面还有不同公社派的干部负责，那时候不叫镇，叫作公社，公社有人上去指挥。我从小就是组长，后来当了副队长，副队长当了又当队长，一直当了十八九年村主任，包括这个工程还有其他的一些水渠等，都是我带着大伙一起修的。这个工程有一段比较艰险，在半山腰，那里很陡，下去就是石头，特别是我们现在这个山，完全是大石，打炮眼要在大石上打，打了以后来放炮，引线要弄得长一点。

还有些是用绳子拉着大皮带系在腰上，还要注意不要摔下去，下面是

悬崖，所有这些都要有点准备。我们在英雄沟大坝上就砍些树木、干草搭一个简陋的工棚遮风挡雨，在那住，打石头也在那打，你一天要打多少，打这个石头要打多长，几寸，都要给你量，然后算工分。还有突击队，都是年轻的小伙子，危险的地方就让突击队去。

至于吃饭，生产队的有小伙食团，我们回族专门有个人上去工地挑烧柴，挑下来到工棚里。一天要挑一段烧柴。吃了早饭就要去山上，那些死树什么的砍砍就挑下来。天天都有一个人去找，因为我们有将近二三十人在那，找挑柴的就不管其他事，分了干什么，就规规矩矩干什么。伙食上，买菜都是自己买，但是村上有补贴。像这个大米，过去那些年，我们在家只有4两饭，去英雄沟是补贴米，给7两饭吃，饭煮得烂，不像现在，你要吃硬点，煮硬点，那时候也能吃，像我们这一两公斤饭，一会就吃掉了，想吃肉是相当难的，这个月在这上面有几个人，一个月就给几斤肉，都是这样，不是说要多少去买多少。

工地不放假，只是几点出工，几点收工，你要把你的任务做完，男的抬石头也可以，女的只要一天打两三米的皮石，打成三面光或者两面光。我们村去了10多个，男的去了20多个，去了有半年多了。因为我跟你说，最大的工程就在那里，就在我们说的大坝。说实话，你别看我瘦，这种一两百斤的我也挑得动，去到工地上，我做了四五个月就调回来了。我跟你说，这个英雄沟修起来后，我们这几个村也得到了些好处，粮食产量提高了，旱涝保收。

口述人：赵家贵　男，1935年生，昆明宜良县谭官营村务农

采访时间：2018年7月18日

记得那时我20多岁，是被生产队抽调过去的，和我们一起去的还有好几个小伙子，年龄都不大。在工地上该干什么都是上面指派任务，任务分给你，按期完成就行。挑土、抬石头、拉牛车、推小车等，不同人干不同的活，分工比较细致。英雄沟相当高，挖下来的土不能堆在那，要搬走，主要是挑，有时候抬，石头大就抬，石头小就挑，个个都是一样的，反正一天要在那里，说是做8小时，结果是十几个小时，有时候要加班，叫突击完成任务，等到领导让走就走了，领导不让走就继续干，那段时间相当艰苦。冬天天气又冷，那时风又大，相当难受，也是年纪轻，如果年纪大了也受不了。分配的任务要一天完成，完成少了不行，要有进度，今天的

进度是多少，明天的进度是多少，人家天天来检查。进度快的，就拿红旗，进度慢的，就批评下，插白旗。反正，那时候上面让去哪做活就去哪，分给的任务苦也要完成，只想各个都要完成得奖励，不要批评，脸上无光嘛。

至于住的地方，条件差些，大家住工棚里，打通铺，夏天还可以，冬天就有些潮湿阴冷。我带去的衣服也不多，那时候不像现在各种衣服都有，买衣服做衣服都要有布票的，所以一般也就带一两件换洗的衣服，洗衣服都是晚上洗，哪天下雨不干活或者休息吃饭的时候，就简单洗洗，第二天又穿上，棉布也紧张。那时候不讲究穿，夏天就光膀子，晒得黑黑的。工地上也没有机械，拖拉机、推土机这个都没有，工效比较低，都是靠人工，全靠簸箕挑，一个人一个簸箕、锄头、铲子。小的用簸箕挑，各个使力，还不能偷懒，那时候干劲大，照领导的话去做，有时还要加班，下雨就不加，天晴就加。完不成任务要加班，前面讲了，每个人完成多少任务都是事先安排好的。要是这个队的这个面积完成不了，就继续做活，做完了还要去协助别人。土就是上面运到下面，有石头就要放炮，放完炮大家再把石头劈开抬下来。工地上有的人住工棚，有些是在村子里面住着，吃饭差不多，都是大锅饭，汤汤水水的简单。那时候，人们的思想很积极，不愿落后。有的伤到皮啊、脚呀，就弄点药擦一擦，有个卫生室，小病可以看，大病看不了，不过那个时候的人们很少生病。

口述人：廖兴舜　男，1939 年生，昆明宜良县谭官营村务农

采访时间：2018 年 7 月 18 日

现在记忆力有点模糊，不过你说修建英雄大沟这个我是有印象的，当时年轻，大部分时间还是参加修建了。记得这个英雄大沟是 1958 年修的，大家干劲十足，首先召开会议，一般各村的书记参加，就是动员大家参加，要干什么，分给你村子什么地方，专门负责哪一段，等等，至于分多分少，还是比较公平的。那时候各村各寨都分配了任务，每段不一样，有石头多的，有土多的，有陡坡也有平地，不同的坡段任务是不一样的，有放炮的，有打炮眼的，有背土挖土的。至于放炮，哪里需要就去哪里打，我们分的那一段开始是用锤子、铁钎打，后来有洞就用炸药炸，打炮眼一般 2 个人，用铁钎扶着打，打完之后就把炸药放到炮眼里面，一般分为大炮眼和小炮眼，大炮眼一般炸塘洞之类工程量大的，小炮眼一般炸石头，

把堵的石头炸开，小炮眼威力小，但需要打炮眼的人多。有专人负责炸药，需要写个字条去领取，炸药、雷管、导火索等都要去领取，有专人负责，看管很严，也没有人去破坏或者偷取，社会秩序还是不错的，不过安全还是非常受重视的，整天宣传安全问题，但还是有受伤的，这说明安全负责不到位，安全意识不深刻，有时放炮会伤着一些人，尤其遇到哑炮，如果稍不注意就会出现严重的后果。放炮之前有人会吹哨子，给人们躲藏的时间，等都躲藏好了，确定安全了，再吹哨子放炮，这都有专人负责，安全非常重要。

那个时候很艰苦，工地上的民兵生活上还有些照顾，但各村各寨的民工就需要自己带粮食，住在附近的就回家吃。工地上干活很多时候光着膀子，晒得黑黑的，当然那时候穿的也比较少，更不要说和今天比了，人们的衣服都是东补一块西补一块，男男女女在一起干活。女的抬石头、背土等样样干，这都是生产队事先分配好的，男的一般 10 分，女的一般 8 分，记工都是公平公正的，还要张贴出去。我是小学文化，干过会计，干过队长。在管理上，各队都有负责的领队，分到任务后，再分段地分到下面去，要在规定的时间完成任务，不然要受到批评，很多时候是绝不允许找人帮忙的，自己完成自己的任务。当时有流动红旗，谁先完成任务就插红旗，后面的插白旗，这就是劳动比赛。至于娱乐，看电影有的，至于麻将和扑克是不允许的，看电影也一般是节假日，不是每天都让看。大家都是自己带着工具，铁锤、钢钎、扁担等，还有簸箕、锄头等也自己带，因为工地不负责，工具坏了自己负责维修或者买，打涵洞的风钻倒是县里调过来的，可以说是全民动手了，这大沟完全是用劳力自己干出来的。

过年的时候工地上放几天假，我们就回家几天，中间一般是不允许回家的，除非有重要事情等。那个年代大家思想比较纯正，不过工地上倒是有偷懒的，但不多也不普遍，偷懒耍滑哪个年代都有，借故上厕所或者吸根烟或者本来 10 分钟干完活，干半个小时等，这种现象还是有的，但是再怎么偷懒你必须把分给你的任务完成，不然就要加班了。至于伙食，基本上还是可以吃饱，我们就吃两顿，早上 10 点吃一顿，晚上 6 点吃一顿，我们习惯是这样，那个时候很能吃，年轻又干体力活，像这样的大碗，一顿要吃两碗呢。当然油水不多，就是吃点粮食，有时工地上过节或者改善伙食也分酒、肉等，但不是很多，像喝酒要自己带，但不允许喝醉。当然有专门负责伙食的，我管理的时候，就成立了三个伙食团，伙食团就是负责煮饭之类的工作，那时候生产队拿米拿菜，我们在工地上煮饭吃，虽然没啥营养，还是能填饱肚皮的。

北庙水库洒热血

北庙水库因位于保山市北庙村而得名，该工程是灌溉保山坝子农田和减轻东河下游洪灾的主要水利工程。1956年开始进行坝址的勘测，1958年春开始水库的地形测量，并成立了保山北庙水库工程指挥部，县委书记亲自担任总指挥，8月正式动工。该工程分4期进行，1958年8月至1959年9月，完成公路改线、大坝清基等项目。1959年10月至1960年9月，完成坝高30米，隧洞支砌和浇筑等。1960年11月至1961年9月，完成坝高65米等项目。1961年11月至1962年年底，完成副坝、溢洪道和输水干渠等工程。之后又进行了病险处理、工程加固和改建等，1962年成立了北庙水库管理所负责管理。

口述人：李思正　男，1937年生，保山市板桥镇沙坝村务农

采访时间：2018年7月29日

我年纪大了，不过还是能记得一些，我们去了那就打坝，那时我们队上几个人一起去的，都是用人工，坝子里面有水，我们用工具（盆或桶）往外舀，舀了一段时间，才开始用抽水机抽水。我们又到山上挖土，拉到那个地方后，我们又用板车拉，打涵洞是用铁锤打，用铁锤硬生生地打，拉土距离倒不是很长，从索山到桥山，一天可以拿四五分工钱，那是硬生生干出来的。我在那里一共待了5年，基本各种工种都做过，抽水、挑土、打洞、抬石头等。我先说说打洞吧，这个是最艰苦和最危险的，刚开始和我打洞的还有另外两个人，后来两人都去世了，我们那时候是很艰苦的，洞的位置比较低，新打的洞位置比较高，洞里听到的水流是很急的，会发出“轰轰轰”的水流声，那是很危险的，在我的记忆里，洞打到两公里深的时候，我们就开始下去了。我们是三班倒，我记得有一次后半夜，我们都睡着了，然后一位同事就发现另一位值班的同志不见了，我们就起来找，我们发现的时候他已经被埋住了，就赶紧挖他出来，那个时候我才19岁，今年82岁了，我经常自己和自己说能活着到现在已经很不错了。洞里面氧气稀薄，很多人是撑不住的，后来区长又上来和我们谈了一次，让我

们克服困难。那时候吃饭问题都解决不了，经常是饭都不够吃，吃个莴笋，吃了上顿没下顿的。洞里面，空气是不通畅的，连照明的工具都用不了，反反复复地通洞，才有一点点空气，照明都照不了。简单地做些防护就进洞工作了，我们那时候打洞是两个人进去，两个在外面休息，轮流 20 分钟左右，又轮流我们进去打洞，里面空气稀薄，用鼓风机抽风。那时候放炮都是用炸药，洞里有时候都喘不过气来，这就是我们所说的缺氧，在里面待时间长了就会晕倒。那时候很难弄到口罩，洞里面都是灰尘，还不是照样呼吸。那时候附近的人还没搬走，我们在那里住，三个地方，三个区，300 多个人一起住。

开始开洞口是保山城里的测量队来开，挖好测量好，我们才开始往里面打，山上的树都被砍光了。打洞的时候都是三班倒值班，我们没有文化，讲也是讲不出来的，能大概地说一说。那时候我们拉土是用竹片编织簸箕，装满上轨道车上，又运到桥的那边，那边都是人工，铁轨道上面跑小火车，能减轻负担，两个人推一车。我专门打洞，就是吃不饱饿肚子最难解决。做这个工程正是国家困难的时候，粮食供应紧张，我们当时就到山里到处找野菜，拿回来用热水煮熟，再用凉水把苦味冲淡，凉拌一下就拿来当饭吃，也找香菜、芹菜，那个时候饿就只能扛着，硬生生地扛着，等春天野菜重新长起来了，我们又去找，一下班就去，下班后人都饿得不行了，有的就直接躺在地上一动不动了，我们这几个体格还算好的。那个时候苦得很，我是慢慢熬过来了。

那时候去工地干活什么待遇都没有，是不给你发工资的，就是记工分，一天多少工分，以后到生产队上换粮食。工地的劳动是很辛苦的，强度也比较大，个别人挺不住，也有偷懒的，不干事的，但我没抱怨，谁都不敢讲，说了你就得罪人了，那时候管得严格，你说你干不了，实在是累得坚持不住了，就让你回家，但工分一点都没有，要是你说走了，就把你的工分扣下，几块钱都得不到，吃饭的钱都没有。米糠我都吃过，就是磨大米剩下的糠，放在铁锅里烘焙一下，再用石碾磨成碎粉，加一点食盐，用水拌一拌就当饭吃了，不消化。

在工地 8 年，打洞基本也是 8 年，专业施工队来了，我们都一起干过。技术员指导着，测量队测量着，从哪里到哪里都是标点的，要放炮，有时候他们放，有时候我们自己放，要是打洞打歪了会出问题。打中洞时，是用桶，把桶吊起来，经常累得全身酸痛，难以忍受，那时我就在一个山的顶上打中洞，那样才透气，两边都打了，不透气，那就更加无法呼吸了。那时戴着手表，手表都不转，区长来视察，他们的手表都不转。我是没有文化，如果有文化认识字，我就清清楚楚地给你讲，那时上万的人，山里也有，水库附近也有，上万人不是一件小事，但现在都是机械化，用不了多少人，一个工程队就搞定了。

口述人：段复光 男，1927 年生，保山市板桥镇卧佛村西庄务农

采访时间：2018 年 7 月 29 日

我记得这个水库是 1958 年正式动工，1957 年开始勘测这条河，整个保山上万人参与，一年后，施甸的就不来了，包括瓦窑那些也不来了，就剩整个保山坝子，以后年年都是保山在修。修这个水库省里面给点钱，年年都在给，钱批下来后修坝基，都是让保山坝子的人去修，直到水库修好，保山坝子有水用了，之后保山坝子就开始收水费，每一亩收三角或者两角，收了之后的钱用来维护整修这个大坝和沟渠。坝基要一直打，直到碰到小红旗的位置，以后就是 65 米，修好以后，又每年加 2 米，加上 2 米之后，就是保山坝子的人去修建，公社大的百十个人，小的 50 个左右，每年都修。以前在这些地方还没有机械，就只有手推车，一个轮子推，用了一些时日后，手推车也不用了，用两轮板车，修了十几年，每年加坝高，以前 15 米，现在都八九十米了，收了水费就用来加坝固坝，省里面给的钱也要用来加坝。当时国家也给粮食，来修这个坝基的人每天一斤粮食，还给一点伙食钱，整个保山坝子就能享受这一点福利。最后修好后，收一点水费，就上交国家，上缴财政局，财政局又补给省里，要用多少就补贴多少，就是这样年年都在加，一直加了十几年。

为方便协调各地方的人，工地设有专门的指挥部，市里面和县里面都会派人来。县长在指挥部里坐着，并管理伙食置办，指挥部专门有人烧火，来的客人，不管是谁，都要招待伙食。指挥部管着 8 个公社，每个公社有个社长，每个公社又办一个食堂，各自办各自的，各个公社的人在各个公社食堂里吃饭。省里面给的粮食钱都拿给各个公社办伙食，来修坝基的都给伙食钱，具体给多少我也忘记了，反正是给伙食钱，给到各个公社，8 个食堂加一个指挥部的食堂，一共 9 个食堂，上万人干活，大家还是吃得饱，那些打隧洞的还给补贴，排水洞一公里多，从坝底一直打到坝

顶竖井，有八十几米，过去都是用人工一点一点打出来的，现在都是机械化了，你要是有时间去北庙水库看看，以前都是老百姓人挑人背修出来的。

那时我在水利局，同样去打水库。修完水库后我又回到水利局，就在水工队，之后调到北庙水库来，支部书记和所长等一些领导还来支持。我退休都20多年了，对这个水库有感情。这个水库的用水量是最多的，刚建起的时候主要是灌溉用水和部分的村民牲畜用水，现在整个保山都用，老百姓饮用水，保山城里工业用水、生活用水，都是这个水库的水，这个水库对于保山是很重要的，到现在都有40多个人在管。东山也有三条沟、西沟、东沟，东沟边上还有一条沟，排水有专门排水的。你看北庙水库水闸都有人在管，一开闸，三条沟都会有水流出，到现在都是这样管理的，我记得修这个水库各个公社分到不同的工作，就像刚刚说的，县里都有人检查施工的，偷工减料是不行的。

打涵洞是最艰难的，氧气是鼓风机吹风进去，洞长一公里多，不吹风进去，人是受不了的。一公里都是人工轮流打出来的，人钻进去打，就是你下了班我打，我下了班你这样打，因为工程比较大，水泥当时比较缺乏，不过还是能用到，原先我们叫“水泥瘪拉坨”，后来才称呼水泥，现在处处都在用了，我们还不是只用水泥，以前坝顶一漏水，就又拉水泥，又拉沙子拌起来，把它倒下去，连修了三四年。坝基是从头打到底，是省里面请的钻井队来打的，打了又用水泥沙子灌进去，不然这个坝基不牢靠，万一漏水了，塌了怎么办，保山坝子人民就受灾了，躲都躲不开，坝基孔两米一个洞，又把水泥灌满，打了将近两年，现在牢固得很。

修水库淹没了一些土地房屋，都给钱的，粮食也给。工地上基本不分阶级，那时候地主也干，不管是地主、富农、贫农都去干，打够65米就不用去了，最后每年让8个公社派部分民工去维护和加厚2米。总之，这个水库对我们来说是受益的，老百姓的旱田有水灌田了，庄稼的产量也增加了。

口述人：陈美芹　女，1944年生，保山市板桥镇沙坝村务农

采访时间：2018年7月29日

我们去的时候才15岁，他们安排我们拉个手推车搬运土块，那时都是通宵地干，天气热也不停运，年轻的时候还是很厉害的，饭都吃不饱，在

家能吃8两饭，工地上饭量就更大了，所以就吃不饱，我们去了2年，后来就没有去过了。工地上非常艰苦，那时候正好国家粮食供应紧张，也没有机械化，都是靠我们的双手和简单工具修起来的。我们是生产队安排去的，他说达到能去的年龄就可以去了，那个时候就是希望吃饱饭。要是去水库，从早到晚拉车，体力消耗大，那就可以吃一斤半的米饭，要是去了拉了几车就拉不动了，那就给你少盛几勺米饭，真的是心心念念盼米饭。我修水库的时候，穿的也没有，吃洋芋粑粑和野菜，混到一起就吃了，真的是艰苦。那时虚岁15岁，年龄小，但我个子大给我安排的都是重活，比如拉车之类的，还有就是拉土，从这里拉到指定的地方，来回跑，女的在一起，但男女老少都有，也顾不了那么多了。那时四五十岁的都去，修这个水库真的是很费人力，大队安排去几个，去到那里后所有人都在一起，一起去拉土，一起去干活，有的是30车，有的是40车，有的是50车，一开始是有数目的，到后来那就不止了，记得有个人拉了78车，50多岁的，他们拉大一点的车，我们一开始去拉的就是手推车，去了一年就和他们是一样的了。当时，手都磨出血泡来，痛得很，干了就结成茧。也不只是拉手推车，其他什么都要做一点，比如挖土、运土、把土装到车上，这些都要做的。

修这个水库真的是很不容易的，1958年，我年纪比较小，但还是蛮厉害的，当时，早早就不上学了，大队安排我修水库，然后就上工了。男的是10分，10分也是强劳动力了，我们是8分，女人8分就是强劳动力了，6分的也有，5分的也有，就算盛饭，劳动力强比劳动力弱的盛得多。我们去了两年半就回来了，真正修好估计有六七年，那时我们还小，是高海村的，现在嫁到这里的。当时去工地，因为距离家比较远，就住在工地上，就是工棚，比较简陋，一排排的工棚盖了很多，那时候用竹子盖的，也有这种四周都围上凉席，只要人能钻进去就行了，谁也不奢望能在工棚里站直身体，下雨的话也不漏，漏的话就修一下，太阳出来晒晒就好了。女孩子们住在一起，和男民工分开，距离还是比较远。那时候吃也在工地上，伙食比较简单，大锅饭，油水少，凑合吃，吃不饱也没办法。一下班就睡了，有时还要加班，尤其夜里也要拉土。当时不可能有机会打扮，就一两件衣服，互相换着穿，有的只有一件衣服也不能洗，衣服裤子也是补丁。女孩子要好点，毕竟要注重卫生，带的衣服起码有换洗，男民工一般也就一两件，天热，很多男民工都是光着上身。当时劳动强度还是比较大的，水库也要赶工期，很多时候我们都是比赛，看谁先完成任务，有时晚上都要轮流加班做活，非常累。但是谁也不能偷懒，有班长监督，也有任务分给你必须完成，再者，偷懒或者逃跑就没有粮食分，也就意味着没有饭吃，饿肚子。要真的是累得不行了，就在路边打个盹，你靠着我我靠着你，也能睡一会儿。

要是有上级来检查了，那就要立马起来干活，旁边有监督的，有专人负责管理和分派任务。他们就说："怎么还不起来干活"，那你就得马上去干了，不然会挨批评。这么大的工程，加上当时国家粮食供应紧张，在这么强力度的劳动之下，很多人吃不饱，有一些人就饿死了，当然也有因为放炮做活受伤的。如果死亡，那就让家里的人来工地拉回去，给些补贴，如果受伤了就去工地上的卫生室开点药，这个水库真是苦了一些人。因为条件有限，当时没有机器，全部都是人力修的，我们从来没用过机械，真要有机械，不用半年就修完了，都是我们老百姓慢慢修起来的。当然，为了加快速度，我们也想办法去改良工具，比如安装了有轨道的小火车，还有把鸡公车改造一下，另外大家进行劳动比赛，看谁做得多，谁先完成，提供工效。那时候是公社管理，不同公社派一些民工过来参与建设，全县上万人，也有学生进行志愿劳动，可以说人山人海，留在村里的基本都是残弱劳动力了。工地上，大家基本都是在做活，说话交流的很少，休息的时候也没有娱乐活动，时间非常紧凑，必须在规定的时间里完成指派的任务，不然会受到通报批评。

那时候工地上的卫生，说句老实话，就算天天糊得全身是泥巴脏水，也没有人会在意。自己想洗衣服就洗，做不完规定的任务不让回家。当时每个人都是很艰苦的，真的生病不行了，就只能自己扛着，感冒头疼发热扛扛就过去了，也没有去找医生、去找卫生院。工地上有两三个大喇叭，平时就放一些鼓舞人的歌曲，都是老歌，你们年轻人没有听过，除此之外就是发个通知或者通报表扬。那时男女关系比较纯洁，工地上虽然男男女女都有，但没有搞对象的，大家都在做活，哪有时间去谈情说爱，也就休息的时候大家开开玩笑。那时太艰苦了，等到水库修好了才轻松了许多，我们也才回家。

战斗在普淜水库

普淜水库位于祥云县云南驿坝东南的普淜镇内，距离县城55公里，它与邵家水库同属于云南驿坝农田灌溉的骨干蓄水工程。1958年由大理州和祥云县水工队进行勘测和选定坝址，同年12月有1000多名民工施工，到1959年汛期前由于未及时筑坝，入汛后，围堰和工棚等被冲毁，同年冬续建，回填大坝。1960年9月，坝体再次被洪水冲毁。1961年1月重新修建，但由于汛期提前，6月，坝体被彻底推平，被群众称为“三修两垮”的水库。1971年重建普淜水库，历经8年时间，于1979年8月大坝竣工。1983年，工程扫尾和配套等基本结束，前后用了将近30年时间。1979年普淜水库管理所成立，负责工程的维修和日常运转。

口述人：高国祥　男，1941年生，大理白族自治州祥云县普淜镇普淜街务农

采访时间：2018年7月24日

这个水库是由祥云政府组织动员修建的，所有的机械、设备、组织方面是政府协调的。每个生产队要派人去施工，一个生产队要完成多少个工日，完成哪些任务，这都是有规定的，我们这个队任务少一点儿，其他多一点儿的是受益区。当时有不同的区，根据任务先分到区，又分到村，村又分到队，由生产队出工。一个生产队有10多个都是劳动力强的，拉着自己家的手推车去干活，凡是家里有手推车的都要去，也有一部分是没有手推车的。那时都住在山上，自己做饭吃，自己搭棚子，没有塑料油布，都是用树枝、干柴来搭棚子，有很多工棚，漏雨也没办法，没有人管，要自己带雨具，自己想办法避雨。生产队会补助一点儿粮食，拿着粮食还有拼的锅去干活，当时就吃两顿饭，没有三顿，不过生产队会补助，因为干活是要劳动力的，所以吃得饱。修建这个水库的时候我19岁，今年78岁了，过去将近60年了。工地上没有专门的伙食团，只有机关食堂，食堂都是自己承包自己的伙食，由生产队处理，一个生产队一个工棚一个食堂，自己支锅自己煮饭，饭菜比较简单，油腥味较少，大都是开水煮青菜。当时来说煮饭相比工地做活算是比较悠闲的，大家只能轮着干。

工地有指挥部，哪个村、哪个乡干的活都是分好的，把分好的任务完成后，自己回家，比如，我们撬石头要撬100方还是200方，通过验收，

完成任务后才能回家。当时在工地上主要是用手推车拉石头，要把石头拉到溢洪沟，因为建造溢洪沟需要石头。石头是自己撬自己拉的，大部分都是拉石头，轮着干，没有固定的活，能干什么活就干什么活。石头不需要打磨，难度很大，要从早干到晚，休息时间是自己安排，基本就是在饭后休息或收工后休息，只要按时完成任务就行。工地上除了做活没有其他娱乐的活动，工期非常紧张，任务也比较重，大家干了一天的活都比较累，晚上如果不加班，倒头就睡了。当然，也有演出团慰问，就是过节或者上级来检查的时候。对于民工来说只要能吃饱饭就好了。工地上还是比较重视安全，但也有受伤的，就是被石头划破、砸到，得大病的才能去卫生室。普通民工基本不开会不学习，我们没有政治学习，只是平时会有一些记工分、分任务的问题，大家集中讨论。生产队队长带我们去干活，队长也要干活挣工分，当时的基本工分是 10 分为一个工作日，一天可以挣 15 分或 20 分，完成规定任务多就挣得多，也会受到表扬。

修水库我们没有受益，还损失了。原先我们的水库是一个小坝子，修水库就要淹掉我们村的一些田地，被淹掉的都是些好田。如果不修水库，按照现在的方针，还有机械的能力，粮田是能增加好多倍的。当然，水库修起来对于旱涝保收有一定的好处。因为过去条件不行，水会到处冲，就形成好多荒地，这样势必会造成全村粮食产量的降低，所以修水库对于治水有好处。当然，被淹的地在当时的环境下补偿太少了，当时的补偿叫青苗补助费，一直到后来才有固定的补助费。固定补助是一个人大约补助 600 元，然后补 20 年。除了淹没土地，还有一些老百姓被搬迁到另一个地方，这就是移民了，移民搬迁搬到坝子里或者搬到受益的地方，有些人因为与当地不协调就会搬回来。政府会给移民搬迁的人建简单的房子，但现在返迁过来的也有很多没有重新分土地，都是他们自己开挖的荒地。我在工地上做的时间短，大体情况就是上面我和你讲的，到了第二次修的时候基本已经是半机械化，省了很多人工，打地都是用压路机轧，拉土也是用车。

口述人：彭光荣　男，1937 年生，大理白族自治州祥云县普淜镇普淜街务农

采访时间：2018 年 7 月 24 日

修邵家水库的时候我没在工地住过，只是专门负责挑石头，挑石头每

天每人完成1500公斤就回来了，算一个标工。无论你什么时间去都可以，天刚亮的时候去也可以，中午饭过后去也可以，你到那儿以后挑到下午，完成1500公斤之后就可以回家了。那个时候因为工地离家近，所以我修水库没有在工地上住。普溯水库第一年修建时我没有去挑土，中队上让我去当收方员，土是用炸药炸了之后，用人工把土挖松，再用牛车运到坝埂上。我们普溯大队那个时候叫普溯区，当时各个村公所，各个社队都要派出3头牛或者5头牛拉车。我是在他们中队上收方，出工之前打了20多米的坝埂，到六七月的时候下了七八天大雨，水就漫了出来，冲垮了坝埂，这边的很多土全都被冲了。下大雨之后，死了一个人，那时候各个村公所也通知了，说是坝埂倒了，让把人群疏散到山坡上去，他当时就爬到他家房顶上去了，然后水漫出来之后才一会儿就把他家的房子淹了。

第二次修的时候，我家大儿子（彭金达）和我一起去，一个队总共去了十五六个人，去了以后我就一直在那儿做。那时候好像叫三工期还是二工期，在一个洞里面专门负责敲石头，浇灌洞。我做到过年之后的二三月的时候，又把我们普溯村公所去的十七八个人抽调回西山下村。原来我们普溯大队修了一个水库，水库里面是有水的，有一个土坝，让我们在土坝下面的泥子房里面住着，去砍松枝插到坝上，这样水波晃起来能抵得住。我在那儿待到四五月，要忙大春生产就回来了。第二回修的时候，里面的细节记不太清楚了。第一次我就是负责收土方，等坑挖好以后中队长带着我们去一个坑一个坑地量有多少方，然后就去收方，你完成了一个标工，就会补给你8两粮食和2毛钱。

第一次去时，我们是住在私人家里，中队部住在外面的一个庙里，坝区里面的。修水库淹了我们普溯大队的农户很多田地，因为这些田地是集体的，补偿得不是很多。从街心下去一直到下面的田里，建了很多棚子给坝子里面的人住，包括当时的牲口、人，所有的都是在田里面搭棚子住，大多数人盖的是工棚，牲口是用来拉马车，坝子里像我们普溯村公所都是用牛拉，坝区里面的人多数是用牲口拉车，拉土的时候，牛马死掉的现象时有发生。那时候牛马死了都是统一处理，生产队会派人来做赔偿。工地也有受伤的，记得我们村公所有个人在浇灌洞，被滑下来的石头把脊柱骨打断了，回来以后生活困难，去医院治疗过以后好了一点，但是家里面条件困难，我就帮他写了一个申请，让他家去抵一点工分，有没有抵到就不清楚了。后来他就迁移出去了，从我们村迁移到下庄，具体怎么补偿的我就不清楚了。

我们这儿淹了之后，主要工作是安置居民，说实在的当时没有人愿意搬迁，补助也比较少，大都一次性的。2006 年出台了水库移民的政策，后期补助了 20 年的补助款，根据各个队的田地有多少，来确定补助多少。我们这个大队当时给了 30 个名额，后来又增加了 8 个，大概有 38 个名额。一个名额每年补助 600 元钱。当时中队上一天算一个标工，一个标工每天可以补助 8 两粮食，原来只是补助 6 两，后来又增加到 8 两，像他们拉马车赶牛车一天完成三个标工的很少，一般就是两个到两个半，两角钱一个标工，两个半标工就可以领到五角钱，10 天一发或者半个月一发，会让粮管所开一个证据，去粮管所拿粮食。第一年，大约 10 月，庄稼种好就去，一直到年后三五月又回来生产。吃饭就是各煮各吃。

第二次我们普淜区去的大多数都是在敲石头，用来浇灌洞。用小锤敲成符合大小的石头，第二次就不用牛车了，基本上都是用马车，也有一部分汽车，从山上拉下来倒在公路上，然后用大磙子轧做大坝。第一次与第二次都是自己做饭吃，多数时候是吃面，粮管所供应的多数时候也都是面，苞谷面，自己带一点米煮熟之后在上面蒸一点苞谷面。

普淜区的水库修建我每一个都参与了。包括姚安的下口坝水库也去修过，但我没有亲自挑过土，那时候我家里养牲口，姚安水库修的时候赶牲口，那时候山上有专门的人给坝埂照明，一天 24 小时都有人上班。姚安水库修得比本地的水库要好，那时候吃点儿什么都不困难，一日三餐都有提供，要多吃一点儿自己去舀就可以了。姚安水库开始是县里面发布的，下达到各个区，区上又下达给各个大队，大队又下达到各个生产组，做了两三个月。我感觉最好的是姚安水库，工作有规律，吃饭也能吃得饱。

口述人：严明礼　男，1945 年生，大理白族自治州祥云县普淜镇普淜街务农

采访时间：2018 年 7 月 24 日

因为年代比较久了，我也记得不是很清楚。修建水库是上级安排的任务，伙食是自己带着去的，只是生产队补助了一点儿，国家没有补贴，修水库是民办公助。开始的时候我们是在小埂做后勤，有哪些项目，去看负责什么工作。我们普淜村委会主要负责敲石，打大石头，80 斤石头算一个

标工，有专门记秤的人，但这些人都不是我们普溯的，是坝子里面的。挑的石头主要是浇灌、打沟，隧道属于另一个地方负责，大石头也要砌成规定的标准，敲好的石头还是要挑出来。普溯村几乎全都去敲石头，当时也有放炮的，路程有一公里半，挑了之后还要敲然后去称，那时大多数时候都是挑 100 多公斤，当时我有 30 多岁，挑石头已经是家常便饭了，也不管肩膀能不能承受，反正都得挑。时间也不固定，看自己想挑多久，只要你把石头挑下去，也不会强加任务，看自己的能力，有能力就多挑，有些会挑 50 公斤，有些 100 公斤，也有挑 120 公斤的，我们生产队两个人还不如我一个人。当时我能挑一百一二十公斤，大部分人挑七八十公斤都没有问题的。

我们住在山上自己搭的工棚里面，工棚比较简单，在上面铺塑料布以挡风遮雨。山上所有能用的材料都用尽了，搭的小棚里放两张床，平地就多放几张床，大家都睡在地铺上，潮湿也没有办法。一个生产队有一个小伙食团，如果你确实吃不饱，家里有余粮的就带一点儿在睡前煮着吃，我们家里没条件也不管饱不饱了。当时都是吃两顿饭，因为生活条件太差了，粮食供应比较紧张，吃玉米面都存在问题。工地上劳动力强度比较大，有些人可能撑不住，但逃跑的人几乎是不存在的，因为是自己劳动自己得，干多少活挣得多少都是自己的，不做工就没有饭吃。穿的方面条件也很差，衣服破也就破了，干活时太阳很晒，有些喜欢光着膀子，有的还爱戴草帽，都是不分季节地干活。工地上男女都要去干活，只不过男的重活多些，女的活相对轻些，村里不管干什么活，凡是劳动力都要去，是分工安排的，由总的指挥部分下来，一个乡里又有领头人，别人让你做什么就做什么。在空余时间就会学习，一直重复着一个点学，那一点特别严格的，主要是强调政治纪律。下午收工吃饭后都是在棚子里，一个生产队集中在一起学习，文件会念一两个，具体我也记不清楚了，在工地上不喊口号，都是各干各的也不偷懒，多干多得挣标工，早上起来走一公里半，挑差不多大小的石头出来放好，不管挑多少挑都把它放好，吃了中午饭之后再去挑。挑的这些石头再用人工敲和打磨，用来砌大坝，当时专门有砌石头的人和放炮的人，放好炮又去捡石头，捡完石头就挑到打磨石头的地方，可以说是流水线作业。

工地上人很多，各种工种的人都有，但基本没有受伤的现象，只是有时候会被石头划破，也有拉推车摔倒的，这种意外是难免的。当时工地有赤脚医生，受伤或者感冒就去找他开点儿药擦一下或者吃点儿，一般小伤不碍事。当时修建普溯水库我们这里是没有受益的，主要是为了下一代。

口述人：吕荣科　男，1958年生，大理白族自治州祥云县下庄镇后所村务农

采访时间：2018年7月24日

我是水库建设的第二期去的，在工区主要修平台，平台修好以后去修沟，修好以后又去抬石头，抬到隧洞砌起来放水。当时有好几个工区，一工区属于下庄、刘营，二工区是在大仓，三工区是在街子坡。我当时只在一工区做过，做了一两年，最后留了常驻的一些人负责扫尾工作。普昌河是在一个山上，必须从平台沟挖到这里，要钻一座山，所以打了一个洞。我在普昌河的时候是十三四岁，在一工区的时候要稍微大一点儿，那时候有十五六岁，就在普溯水库一工区干活。我们还去过邵家水库干活，邵家水库是在普溯水库前面修建起来的，我们去的时候是浇筑坝埂，当时是一个空心坝。那时候修水库是县里面组织动员，成立指挥部，大队领导抽人组成连队，连队往上到指挥部是叫一工区，大队上当时是抽调副支书、副大队长去工地上安排工作，按照任务进行分工。

工地上分工明确，相当于平台沟挖好以后，还要弄浇灌需要的碎石，碎石那时候是用人工敲碎，敲成二到四厘米，然后和沙子、水泥拌在一起，该浇灌的地方就浇灌到这些沟里面，隧洞里面也该浇的。那时候基本都用人力，机械化是很少有的，生产队能推一些推车去就很不错了。给我们送菜送粮食都是用毛驴驮的，从下庄街买了青菜、白菜、米这些拖着去普溯街，工地上吃饭生产队补助一个标工，大概是一斤米，一斤米吃两顿不够，伙食团一顿给五两米算下来打给你一斤饭，用铁勺盛一勺菜，到了晚上（自己带着小口粮）用地火架小锅，有些人拿苞谷米搅了吃，有些人煮面条，有些人有米的话，抓点儿米煮再拌两勺苞谷面蒸上，吃了第二天早上又去干活，不然一天就供两顿，饿得很。做一个标工就补贴一斤大米、三毛钱，那时候一天就赚这么多。

年终的时候，如果工作积极勇敢，指挥部会在广播里面宣传你的名字，我们队的一个老人，打了一个竖井，上下的时候还带着工具，那个竖井就是直直地往下，有的人空手还不敢下去，用钢筋焊起来挂在井上当作

楼梯，两边有把手可以扶着下去，那个老人胆子大，一手拿工具，一手拿炮杠，有时候提着大锤上下，指挥部就在广播里面表扬他，这就算作奖励了，多是口头表扬，给一个奖状，钱的话是很少有的，那时候注重精神奖励。那时候全都是人工，虽然吃得不好，但是人力气很大，现在机械更发达。那时候是用一台像拖拉机头那样的小柴油机，摇响以后抽水，人要去看着，去调整，去拉，有水是调不了的，都是用手推车拉，可以拉七八百公斤，最低都是五六百公斤，拉那些土去轧坝埂，轧坝埂倒是有那种东方红拖拉机，用大碾磙轧过来轧过去。如果打夯，还是要用人，两个石头，中间绑一根杆，四个人抬起来轧。干包工的话，每个人都巴不得多干一点，标准的标工是算 10 分，有完不成的，也有超额完成的，有的时候是活计难干，并不是人家偷懒，活计好干的就多拿一点儿，多完成点儿。

那时候是住在私人家，有生产队带着去，生产队的领头看谁家房子宽就去谁家住，也不用给钱。主人家养猪，泔水、淘米水、黄菜叶，人吃不了的就给他家喂猪，米饭打剩会给他的小孩一点儿，也有其他的。在人家家里面住有一个规矩，就是不要吵闹，不要影响当地老百姓，反正我们去人家家里面住，干完活回来洗洗煮完晚饭就睡了。当时男女民工都有，比如说睡觉，男的睡一间，女的睡一间。煮饭是在灶房里面，主人家把东西收了，这边是修水库的住，那边主人家住，山区的房子一般都宽，随便围起来就是土泥房。最好的就是瓦房，有瓦房、楼房的都很不错了，水泥房听都没听过，有的住就很好了。女民工和男人干的活是一样的，只是说比起抬石头，女的多数去挑沙、敲石头，男的多数去抬石头，或者是哪里活轻巧一点儿就照顾女的一点儿，一般情况下做一样的。当时女人是做 8 分，比男人少 2 个工分，男人 10 工分为一个标工，女人 8 工分为一个标工，那时候是按标工算的。

如果是干包工就需要各显本事。包工就是把规定的任务包给你，必须在规定的时间内完成，不然就会受到处分，但包工相对好些，只要不偷懒，努力一下就可以超前完成。不过当时相当艰苦，修沟的时候是用手推车去拉大石头，一段上坡路，要三四个人拉一架手推车，三四百斤重的石头，上坡是前面两个人拉，后面两个人推，汗水都止不住地流，要是放手车子就往后退了。石头拉上来砌一条差不多有一米宽的水泥沟，那时候都是用人力。

工地上虽然安全还可以，但也是有受伤的，因为这么大的工地都是人，不同的人做不同的活，难免会出现受伤的情况。记得那时候放炮前要吹哨子，炮响以后，有一个石头就飞得很远，打到了一个老头的头，是轻伤。有的是重伤，死亡的也有，特别是打洞的时候，都是用人力去挖放炮的，放炮前要打炮眼，打好放炮炸了之后去撬，撬的时候不注意就会有石头掉下去把人砸死的。我们下庄坝子在一中区的口号是：打开普溯水库，灌溉下庄坝，祥云旱坝变绿洲。那时候是要把旱坝变绿洲，现在真的变绿了，大热天都还能栽秧，都是源于那时的贡献，都是用人力打出来的平台沟，打起大坝，架起桥梁，打三公里洞，都是为了下一代。不容易，真的不容易！

口述人：吕子芳　男，1931 年生，大理白族自治州祥云县下庄镇后所村务农

采访时间：2018 年 7 月 25 日

大坝前后修了很多年，直到 1979 年才完成。我原先就是去敲碎石、敲塘石、修水沟、打洞、修泄洪道，泄洪道很大，要用钢筋水泥把它浇灌起来，后来又去盖水管所，水管所建了 18 间，两边各有 9 间。这个水库 1958 年修起来，1959 年又倒了，然后 1971 年又开工，从 1971 年一直建到 1979 年，1979 年大坝建起来后的扫尾工作我就没去了，我儿子他们去的。工地上做的活计很杂，敲碎石（20 厘米大），拌混凝土，挖过土，挑过土，也推过手推车。1979 年，下庄公社、刘厂公社拉土，拉了 3000 多手推车，那时候有四个班，6 小时换一班，一班有 700 多手推车。工作就被分成了好几部分，有的负责护坡石，刘厂的和我们就负责拉土，前所的负责石料，马街是负责沙，建的时候土和沙子一样一层，就像我们老百姓蒸糕一样。打大坝这年有几千人，住的就是自己盖的一些草棚，用谷草扎成草棚，草棚上再放张油毡布，不然没有住的地方，指挥部住的地方是有房子的，营部住的地方也是盖一些草棚，一个乡为一个营，一个营又由营队干部、施工员和技术员组成。到大坝建起来，指挥部前后是要用 10 多年时间的，所以盖的就是那种小平房了。

民工住的地方和营部住的地方是草棚，扎得很牢固、很厚，下雨也不会漏。我是 1979 年 9 月去的，到第二年的 4 月大坝才打起来，那时候说 5 月 1 日一定要打起来，打不起来县委书记和水利局局长都要被撤职，这是

在标语上写着的，之前县委书记经常去视察。有时加班还是去上夜班，上夜班只是去走走看看，冬天大棉衣穿着，护耳帽戴着就去看看工地。普溯水库原来是姚安县的，属于楚雄州，后来由省里决定分给我们祥云县了，不然建不了水库，姚安县的土地，我们祥云县去建水库人家是不允许的，但这是由省里支持的。工地上生活丰富多彩，医院、商店都有，卖的基本上就是烟这类的零碎物品，买饼干是要粮票的，没有粮票饼干都吃不上，民工多半是有钱的买点儿纸烟，好的也买不起，然后胶鞋买得多一点儿。理发就是民工帮民工理，我们村有一个理发店收五分钱一位，下午去工地上帮人理发，下班能挣五角钱，那时候的钱很值钱，比如，我们去一天，生产队给一斤米、两角钱。

伙食要吃饱也是可以的，一斤以外要自己带，多吃多带。那时候生活也比较紧张，带多了家里还有老的小的，在外面不饿着就可以了。吃饭就一个小队一起做，比如，我们一个小队去了一二十个人，就一个小队一起做饭吃，还要选一个组长买菜、记工具。医院是由指挥部成立的，如果是砸到、摔到都是由国家承担的，凡是工伤都不收费，就算住十天半月都不收费，还给标工工资，如果是自发病，头疼、发烧、感冒之类的要收一半钱，一块的药钱收你五角。伤亡只是少数，像打大坝那年是有几千民工的，有被炮炸到的，有生病不在了的，也有砸到摔到的。普溯水库没有修起来的时候农业灌溉用水主要就是靠自然降雨，什么时候下雨就什么时候栽秧。过去差不多到现在这个季节秧还没栽完，秧栽完差不多就到火把节了。现在对于农民来讲是好的，都能按季节栽秧，比如，如果今年降雨量多一点儿，普溯水库的水装满了，明年要浇灌的季节就可以从里面抽水浇，水库的质量是很不错的，还用机器轧过的。

像我刚才说过的，打大坝那年是四班制，6 小时一班，如果遇到下大雨就不上班，其他时间无论冷热都要去上班。那时候拉土也是要用秤称的，用小手推车推，推来用秤称，称好以后有人记录，达到标准后就给算成一个标工，不然你拉 300 斤也是一车，拉五六百斤也是一车，就会不公平。称土的人也是算标工的，有的也超额把任务完成，多拉就多记，回村里就可以多积工分。比如，我们被安排了要拉 2 个标工，如果你能拉 3 个标工就更好。

工地上是有小偷的，但是一般偷不到什么值钱的东西，民工一般就只有几块钱，都放在自己的口袋里，偷不到，管事处有工头和宿长在，也不敢去偷，那时候大家都穷，没有什么好偷的。工地设有保卫处，主要是维持治安，还有安全问题，就是怕民工工作的时候出问题而不是防小偷。干得慢的到了换班的来了就必须走了，比如，有的人身体不好到时间了，做了多少就算多少，也没有要求必须继续做完。有些身体好点儿的，家里面孩子也多，负担比较重的，就多拿一点儿标工。就算外面还在下雨，队长喊去放水就赶紧起来去放水，都是为挣工分，你不去别人也会去，也没有一定要求让谁去。

工地是有建厕所的，比如，我们一个队住在这里，就会在住的背阴处建一个厕所。洗衣服的话就是下班之后自己洗，也不是每天都洗，都是农民，脏了才洗，基本上十天半月洗一次，要一直干净做不到，农民下地干活衣服上会沾土，如果只是有一点儿土就拿去洗，没有那么多时间。拉干土时灰比较多，如果三四天不打扫会有很厚一层，三四天刮一下风，晚上的时候会有洒水机去洒水，如果不刮风，没用洒水机洒水的话，这个灰更厚，手推车都拉不走。修水库就像我说过的一样，任务是由县上分给公社，再由公社分给大队，大队再分给生产队。那时没有机械化，男女都有，十七八岁才结婚没有生过孩子的都要去，家里面的人也没让全部都去，比如，我们一个村有 100 个劳动力，最多就去 20 个左右，如果全部去，家里的生产就没人做，也就吃不上饭了。

1959 年 5 月，因为没有修好，大坝出了问题。总的来说就是水利工程没有技术支持，上马工程比较仓促，打坝能进去但是排不出来，大坝就被涨倒了，淹了很多村庄，还淹了祥云县的很多粮田，不仅赔粮食，还要赔钱。那时候大坝冲了很多田，恢复不起来，所以才有后来的再次修建。

征战工农大沟

工农大沟地处蒙自市，因蒙自农民和云锡工人及技术人员共同修建，故取名工农大沟。1957 年 11 月开始选址和测量，1958 年元旦，向地委和当时的云南省副省长张冲汇报设计成果，同年 2 月 5 日大沟工程开工建设。工农大沟是在“干坝变水坝，两年实现水利化”的口号下边勘测、边设计、边施工的，从动员到 7200 名民工上工地，仅仅用了 5 天的时间。1959 年 3 月基本挖通了全部沟线，1960 年 2 月 5 日水流到龙古塘，之后又进行了续修、整治、巩固和配套，从 1958 年到 1982 年，20 多年时间才使工农大沟基本完工。因此，此沟不仅是蒙自的水利动脉，也是云南省重要的引水工程之一。

口述人：吴自成　男，1934 年生，红河哈尼族彝族州蒙自市县安所镇五一街务农

采访时间：2018 年 8 月 2 日

修这个工农大沟艰苦得很，很多都是悬崖峭壁、崇山峻岭，工程量很大，去的人也非常多，为赶工期我们在工地上坚持做工，过年都不回家。当时工地上从各县抽调的民工很多，为了组织管理好，工地设有指挥部以及下面的保卫组、保障组、核算组等。工地有总队长，有指导员，有伙食团煮饭的、打柴的、挑水的、买菜的、管事的，他们分工协作，但都不回家。我们这里去的人多，有三个伙食团，过年吃得倒是好，公家给每人一斤肉，比如，我们公社连队有几个人在那里，那就拉几斤肉过去慰问，有些人因为高强度劳动受不了跑了，他们连肉都吃不到。那时候白天晚上都干，一天一班人，打隧洞，一班开 4 米，你开完搬完了就回家休息或者到工棚里休息，搬不完就要挨批评。打洞第一个要测量，技术人员要跟得上，涵洞要挖到哪边，挖几米、多高，只能高不能矮，所以方方面面都要跟得上。技术也是，工程师的技术要求也非常严，稍有疏忽就打不通了，打涵洞是技术和力气相结合的苦力活，也是工地上比较艰苦的工作。有时雨下大了会滑坡，有时挖深进去如果木桩跟不上它就会倒下来。工程师要测量完才开始打，有些在下面打，有些在上面打，实际是打通了，但是可能打斜打歪了，我们那个时候没有机械，全部都是人工的。

工地上只有逢年过节的时候才有娱乐活动，当时驻蒙自部队的艺术团会唱点儿歌慰问，平时很少有娱乐演出。工地上为了激发大家的积极性，在做活的时候会树立模范和先进人物，主要是比赛，看谁先干完活，但是没有金钱奖励，只会奖励块肥皂或书本，精神奖励比物质奖励好。衣裳可以从家里拿，有些男的不会洗衣服，连我都是一直到 1961 年以后才学会洗衣服。工地上男男女女都有，小伙子和小姑娘也有谈恋爱的，有两个谈成的，不过不能明目张胆地公开谈。除此之外，还有读书学文化的，这个主要是用业余时间。工地上党员、团员都有，他们是起模范带头作用的，我就是党员，那时被树立成带头模范，干的活很重，有时要超额完成。毛主

席说：团结力量大，人要团结，力量才大，所以要合作，全线合作，不能少一个，大沟就是这样团结协作建起的。

口述人：李家荣 男，1937 年生，红河哈尼族彝族自治州新安所镇响水河村大园子务农

采访时间：2018 年 8 月 2 日

我记得是 1956 年 10 月 4 日开工，一开工我就去了。我在工农大沟干了三四年，一下也讲不清，现在年纪大了，反正在工农大沟就是干累活。当时我们公社组织一个施工队，负责工地上的活。那时候在工农大沟也炸石头、搬石头、挑土，从去的那天就这样，那个时候和一位姓王的民工，我们俩一起协作施工，什么都是我们管。工农大沟修得很艰难，那个时候也没有机械，只有压泵机，全靠人力，去的人非常多，可以用人山人海来形容。至于吃的相对不多，能填饱肚子就不错了，记得每个月二十七八斤到 30 斤粮食，吃不饱。这个大沟地势不平，很多经过的地方都是在半山腰上，危险得很，当时沟修的宽度大约 3 米，有时通水会漏，艰难得很。当时有水泥，只要认真的就不漏，偷工减料的就会漏，不同公社负责不同沟段，很艰难，多冷的天气都要跑去修，有些忙着完成任务，就偷工减料，质量就不是很好。

当时住在水库工地上，施工就开山劈石，打炮眼，放炸药，开山都从那边开到这边，那里开到这里，任务艰难，时间又紧。很多时候因为要赶工期，半夜三更也要加班，要做一天一夜，只会有两三个小时的休息睡觉时间。有时大家收工后要开两三个小时的会，开领导会、干部会，我负责管施工队，山上炸石头，炸了之后搬，搬了又放，全部都是我们施工队，哪里需要施工队，我们就调过去。当时每天都有任务，规定几天完成，打石头一天就要打到山那边，打两三米，所以任务很艰难。吃的饭有玉米饭，一个人差不多给一小碗饭，菜就是去地里把萝卜拔了放地上晒干，晒干又拿来洗，不怎么吃得下去，难吃，但不吃就饿。修大沟在工地上住，大沟修到哪边就在哪边住，搭建个简易的工棚，基本能遮风挡雨，调到哪儿就在哪儿搭建。当时修大沟打了很多涵洞，有 1 号、2 号、3 号洞，其他的就是小的，当时打洞不简单，很多洞又长又深，尤其打到里面氧气就越来越少。打洞有钻风机打，用电钻，都是人工，风机也是人工指挥的。在工农大沟，修得差不多了我就调到别处了。工地上分工比较明确，打石

头、炸石头、搬石头、挑土、做饭等。我们施工队1号洞打完之后，2号洞就接着打，里面的空气完全稀薄，我们用汽灯，不是电灯，白天黑夜都做，一班人换一班人。施工的还是属于我管，当时情况艰苦得很。我们晚上在那里做完活计，加班后肚子饿，就买点洋花瓜来煮，在工地上吃不饱，不过我们那会儿年轻，身体还能受得住，当然有受不住的也会逃跑。我们有时去抓逃跑的，就叫他们回来，尽量做思想工作，抓来后又继续干。有些是做不动了就逃跑，有的是长时间没回家，比较想家，可以请假，但是不好请也不敢请假，任务重，压力大。白天干了，晚上吃过晚饭还要加工干，干到12点，每天差不多就休息半个小时，晚上就睡两三个小时。

我一开始管施工，后来又调去管其他的，那时还不到18岁，一去就被分配到施工队，比如，一二十个人组一个队，哪里紧张就去哪里修。施工队人员也有受伤的，在2号洞的时候，晚上因为要完成任务，施工队的就来找我，要装煤气灯，要用煤石装，我还端着碗没有吃饱饭，就一只手抬着灯。后来感觉有东西砸到我，有好多人背着我去医院看，我还跟医生说，有没有哪里受重伤，要是伤了就上蒙自去，然后医生说不怕，他帮我看需不需要上蒙自，医生说眼睛只要转就没伤到。我那段时间蒙着眼睛，是叫一个人来照顾我的。当时一个大队负责一段，每天都要开会，吃完晚饭干部要开会，开会就是安排工作，要完成当时的工作任务。

当时还是包工，只要任务完成就行了，看似简单也不简单，规定的任务要完成也是不容易的。工地上娱乐活动比较少，也就放放电影、在一起唱歌或者聊天，只有完成任务了、在晚上休息的时候才会放电影，也都是一些比较老的但能够激励士气的革命影片，有的电影一年放两三遍。工地上的生活比较单调，很多时候不能回家，也打不到酒喝，当时工地不供酒，一个月喝一两次，会餐是完成任务后，上级为了表扬就给分发一批猪肉和一些酒，改善一下伙食。工地上也有商店，卖点儿烟、洗衣粉、肥皂。理发店倒是没有，不过头发长了，指挥部有把剃头剪，简单理一下就行了。工地上也有女孩子，大都很年轻，也就十七八岁的样子，她们组成花木兰队。花木兰队的任务相对轻松一些，就是挑灰沙、拌灰沙、挑土渣，有时还和男民工比赛，看谁干得多或者谁超前完成任务。花木兰队给大家树立典型，艰苦的地方她们也不怕，个别胆子大一点儿的还围系着防护绳，在悬崖峭壁上打炮眼，给大家树立了榜样。当然，这么大的一个工程，工地上必须有医生，如果受伤了或者感冒生病了，就让医生开点儿药就行，这些药是不要钱的。总体来说，工农大沟是在非常艰苦的条件下修建的，老百姓付出了很多，但长远看还是值得的，我们这里的庄稼田地自从大沟修好后，基本能做到旱涝保收了。

口述人：时家祥　男，1937 年生，红河哈尼族彝族自治州新安所镇响水河村大园子务农

采访时间：2018 年 8 月 2 日

我之前在庄寨水库做了一段时间，之后就去了工农大沟，大沟的 1 号、2 号、3 号洞我都去过。工农大沟为什么叫这个名字呢，主要是由工人和农民共同携手修建的，所以称为工农大沟。这个沟渠也被称为红旗渠，在当时长 60 公里左右，是一条引水工程。修这个大沟的人非常多，县里组织，各个公社都派人参加，我当时在工地上是做石工，负责把从洞里面打出来的石头打磨或者抬到需要的地方。我参与修建的前两个洞较为艰苦，3 号洞相对小一些，那时候打洞是很艰难的，没有机械化，里面空气稀薄，越往里呼吸越困难。当时用的是压风机，也算是比较好的机器了，不过还是不好打，一边打洞一边把碎石弄走，同时要把支架顶起来，再用水泥糊好，不然洞会塌陷，加上空气稀薄，速度必须跟上。像 2 号洞在架木头的时候还倒了一次，这边打那边倒，很危险的，因为洞内本身承受压力有限，如果不及时增加支架，就会发生坍塌。我们分工较为明确，有专门打洞的，有负责搬运石头的，有负责支架的，还有做饭的，等等，基本都是人工。有的洞要长一些，比如，1 号和 2 号洞，比较长，不好打，打得就比较慢，不过还要在规定的时间打通。至于在打洞之前还是要设计勘测一下，不然会打歪，反正在技术有限的情况下保证打通就行，两边同时打，在打洞的过程中，我们也是轮班制，这个班打完了出来再换一个班，确保不间断。

那时候为了完成规定的任务，有时昼夜都要施工，晚上做到凌晨一两点，简单睡一觉再起来继续做。至于住的地方，条件还是较为简陋的，有时候住在别人家里，有时候住在工棚或者草地上，能凑合就凑合一晚上，反正昼夜轮流做，等一部分人睡起来去干活，我们又去休息 2 个小时左右。那时候农村很多人都吃不饱饭，工地上对重体力劳动者还是比较照顾的，

所以没有逃跑的民工。当然工地上的饭也不是很好，玉米饭、土豆、白菜，还有南瓜汤，基本能吃饱，每次工作完成后都会饱饱地吃上一顿玉米饭，吃两三碗。至于挖野菜，我们工作都忙不过来，没有时间去挖野菜，工地上基本能保障供应。在这个工地上干活我们是没有工资的，那时候是挣工分，完成多少任务挣多少工分，这些都是有规定的，一般一天是 10 分，完成任务后有专人负责记工，所以根本不可能偷懒，如果偷懒完不成任务就拿不到工分，那也就分不到粮食了。总体来说，我认为这个工农大沟在当时虽然修建得比较艰苦，但对周围的田地和老百姓用水有很大帮助，对后人影响也大。

九龙甸水库琐事

九龙甸水库位于楚雄市鹿城镇西北 35 公里，属于金沙江水系。1958 年 3 月 2 日，楚雄地委根据省农业厅水利局第四规划查勘队编制的《龙川江流域轮廓规划概要》，决定修建九龙甸水库。同月 6 日，技术人员到工地测量放线，9 日，工程指挥部人员进驻工地，10 日正式开工。当时从牟定、南华等 12 个县抽调民工 1 万余人参加筑坝。1959 年 2 月，大坝基本建成，同年 5 月又建成了跌水式石砌溢洪道工程，当年蓄水 1500 万立方米，至此，枢纽工程基本完工。以后又经过除险加固和续修、配套，总库容达到了 6000 多万立方米，兴利库容 5912 万立方米，水库建成后就成立了九龙甸水库管理处负责工程管理。

口述人：李金祥　男，1942 年生，楚雄彝族自治州吕合镇回龙村务农

采访时间：2018 年 7 月 21 日

我是 1942 年出生的，现在年龄大了，很多事情记不得了。这个水库是 1958 年修的，在当时还是比较大的，各个县都来了，然后每个县的中学生也来这边支援。当时国家比较落后，机械化水平低，这么大工程都是用人工修起来的。那几年用人推、马拉，最多的时候工地有 1 万多人了。像我属于牟定不属于楚雄。工地有指挥部，地委书记负责指挥，指挥部下面还有很多部门。记得指挥部成立在九龙甸的一个学校里，我们当时上学就在那里。那个时候修水库，是为了灌溉我们楚雄的田地，也不是说要提供居民饮水，供水是后面才说的。当时修这个大坝是没有酬劳的，大家都是挣工分，挣一天工分换一点儿粮食，那个时候最多能给到一天 12 分，但这种

就属于高强度劳动了，像我们这种小的就给七八分，等做完活就拿自己挣的工分去队上参与分配，最多一天就是两角。以工分衡量，要看各县的发展水平，尤其不同的大队分值也不一样的，那个时候我们属于牟定县。

我在工地上就是抬石料，修溢洪道。溢洪道第一期是去山上砍些木头修的，后面发大水冲垮了，只好重新修。我在水库上干了 3 年，生了病受了伤，工地上的医务室只负责简单的受伤和感冒，大的工伤疾病必须去大医院。我当时是怎么受伤的呢？记得是上面一放炮我去挖土，有个小伙拿锄头去刨，我在下面，被滚下来的石头砸到了，我就不省人事了。当时就被背到草棚里面，缝了七针，休息了一段时间。后面让我去工地的食堂里做饭，这个比较轻松，就是买点儿菜、烧水、煮饭，再到后面工期完成了就叫我回来了，也没有什么大事。那几年煮饭是什么情况呢，就是一大锅煮好提去，这种叫包包菜，还有苞谷饭，打一小勺包包菜，用秤称八两饭，就这样吃。所有的人是分到哪个食堂就在哪个食堂吃饭，不同生产队的人属于不同的食堂，我们属于九龙楚雄水利水电施工队。

修水库占了我们这个地方的土地，到现在我们寨子只有 92 亩土地。当时修的时候上马比较急，所占的土地属于集体，那时候没有补偿。搬迁的老百姓就是修建溢洪道搬过来这里住，他们算是搬迁户，给他们一点儿补助，一间房子给 400 元，按照一级房子给的，搬过去管你睡得下还是睡不下，在猪圈、牛圈里睡的也有。不搬不行，政策就这样要求的。工地上因为劳动强度大也有逃跑的，悄悄在夜里跑了的，但这种情况很少发生，一旦被发现要进行严厉的批评教育。工地上人非常多，因为这是个大工程，上万人参加，所以民工碰伤也在所难免，受伤之后去工地的医务室弄点儿药擦一下就行。至于死亡的，那是极个别的因为打石头或者放炮而不注意安全被石块打了，死亡的一般就给点儿丧葬费，后续的补贴我就不清楚了。记得工程是 1958 年 3 月 10 日动工，原本计划 6 月 10 日完工的，这个速度算比较快了，但因为技术和条件的限制，钻山洞都没打通，大坝就坏了，溃坝了，死伤了一些人，很多房屋、庄稼都被淹没了，之后县里又重新上马修建。这个水库可以说反复建了几次才建成，建成之后就有专人负责管理了，现在这个水库主要负责居民供水。

口述人：李永堂 男，1939 年生，楚雄彝族自治州吕合镇回龙村务农

采访时间：2018 年 7 月 21 日

修这个水库我还是记得的，工程量大，上马比较急，人数比较多，各种工种都有。我当时在工地上赶马车，相对轻松些，那个时候没有汽车，多数是马车或者牛车，大都是用人拉、人挑、人背。我们是公社派过去的，我参加的主要是马车队。马车主要就是拉土，或者施工单位所需要的物资，我们都要去拉的，什么用的、吃的，粮食和蔬菜都是马车去拉。去工地后就住在荒地上，在上面盖一些工棚，砍些树枝，比较简陋，马也住在工棚里。马主要吃草料，闲着的时候上山去割草，要想马有劲必须让它吃得饱。从大哨山上来之后，生活有些改善了，一天吃三顿饭，比原来多吃一顿早点。我们赶马车的因为活轻松些，早点都不吃，起来就出去了，哪里需要就去哪里拉。生活上的小件就用马车拉，有个队长领着我们做活的，他会安排任务，这个队长是大姚人。有队长有书记，书记是属于政府安排的，正队长也是政府安排的。那个时候年纪轻不晓得累，一夜深就睡了，恢复得很快。马是专门有人喂养的，我们只赶车，有两个组是专门养马的。有病的就会出现马累死的情况，如果是摔死的，死了就直接卖到村里。

那时候修水库很艰苦，对比现在不敢去想，吃的、穿的、用的、工具等都比原先好多了。自从改革开放以后，日子就好过了。修建洋派水库我是去打洞，打通后，我就去打石头，打一些五面石当供应，去了 3 个多月，时间不长，也学到了一些技术，之后来到九龙甸待了两年多，时间算比较长了，除了赶马车还打过石头和拉过土等。

口述人：刘中才 男，1943 年生，楚雄彝族自治州吕合镇回龙村务农

采访时间：2018 年 7 月 21 日

在九龙甸工地，我负责煮饭、喂猪，那时候的猪食槽都是满满的。吃不完的那些米汤水、饭菜，就挑过去喂猪了。那时候煮大锅饭，也不存在厨师，就是让人负责煮饭。大锅饭就是一饭一菜，做得好也是这样过，如果有时间，就炒一点儿青菜，到外面掰一点儿菜秆炒。大锅饭是不好吃的，加上人多，时间紧，饭菜的质量一般，也没有啥味道。大锅饭不就是你们一伙，我们一伙，一大簸箕倒进大锅里面，倒上一点儿香油就这样吃了。香油，哪里来的猪油，那会儿就是菜籽榨的香油。猪肉都很难吃到，

别说用肥肉炼油了，喂猪需要粮食，人都吃不饱更不用说猪了。吃饭的时候都是有生活员的，工地组织的生活员，一个月满了，生活员就开个会，哪里不合适就让提意见，是饭菜的味道不好还是质量不高或者花样不多，后面能解决就解决，不能解决那也没办法了。一个炊事班还有一个班长，有时候还是要教育好做饭的人员。生活员就是早晚去开会，开完会传达意见，负责煮饭的参加听，哪里不合适就提，提出来就要改正。比如，拿秤称饭，有的称多了有的少了。有的又说，这个菜没有油盐。伙食团有采购员负责买米、油、盐。油、盐这些都是总务拿过来。说他去买油、盐。拉米就是去工人的供应场所，我们都去买过了，赶马车去，称好之后背上马车然后开单子，回去找总务报账。

记得当时我们一个月有 15 块，9 块的伙食，自己有 6 块。工地上养猪就是生活补贴，剩下的汤汤水水就给猪吃。九龙甸那些管理处的人，有一些残疾人。当时在九龙甸买一些鸭子、鹅，让他们赶着去放。养猪，也让他们去放。好脚好手的、会动的就是养羊放羊或者在工地上做活。我们从大坡来的时候就有 600 多人了，600 多人分两拨建，就建溢洪道。这么多人住的地方就是在工地上盖一些草房，我们就在那些草房住下了，比较简陋，但能遮风挡雨。1958 年下半年，来了第二批工人。那些草房也不老化，有时雨下得大容易垮，下得小下久了也支不了多长时间。缝隙是用胶布粘起来的，沾了水就漏，我们习惯了，有经验了。后面来的，就知道要好看的雨衣。夏天雨水比较多，尤其 7 月雨水比较大，眼都被雨淋得睁不开，这种情况我们是不出工劳动的。冬天风比较大，1 月比较寒冷，但大家还是能坚持下去。反正，停工的时候很少，基本都是轮流干活，甚至晚上为了赶工还要加班加点。

溢洪道那些风沙不知道害了多少人呢，找也找不到。记得第一批人去的时候恰逢汛期，下了好大的雨，大坝最终因为种种原因而出现了溃坝，他们正在吃饭，坝梢那里出现了滑坡，淹没了很多人，马车也被埋了，确实很惨，现在在水库还有记录。工地上除了男民工，也有一些女工，跟男生干一样的活，但住是分开的，工棚也不挨在一起。处理溢洪道就用了两期，里面挖外面也挖，里面的要挖起，外面的要从外面拉，后面从里面拉去坝里。外面的从外面拉去倒，那些女的也一样跟着挖，溢洪道修好了以后，搅拌沙灰，她们不是各人弄各人的，有时也合作，小女生也有，年纪大的也有，都是挣工分。

工地上干活基本不讲成分，只要你去就要，1958 年大修水利，那些地主富农都上工地的。那个时候，说句老实话，发展农业要紧，发展生产是当务之急。之前我在家里务农，八九个人吃饭，就只有两个劳动力，我爹我妈，那个时候人多，我妈要照顾兄弟姐妹，还有我家的两个八九十岁的老人，之后我就去了工地挣工分。工地上除了干活比较辛苦外，吃的还可以，起码比当时的农村好得多，各个连队干完活就回各个食堂吃饭。那个时候就是大锅饭，大家在工地上一起吃饭共同劳动，称为集体。工地上吃饭一般都能吃饱，称给 5 两，不够就互相匀。那个时候男的 5 两，女的 4 两。上面说了，这个水库修得不容易，除了滑坡伤亡了一些人，其他在做工的时候也有磕碰受伤的。记得我们在那里打涵洞，涵洞里面有个民工把自己的肚皮划破了，场面很吓人，大家急忙把他送到大医院。当时工地上有简陋的卫生室，但也就是简单处理一下擦伤，那些重伤的很难在卫生室治疗，都到城里了，不过卫生室里面的药是不要钱的。这个水库前后修建了几年，上万人参加，县里不同部门给予支持，工程量大得很，很多地方的老百姓都来参加了，还有部队来支援，那时候都是人力，没有什么机械化，好在最终把这个水库修好了。

双化水库工地生活

双化水库位于禄劝县，是当时该县蓄水最多和灌区最广的水库，由当时的县委书记取名，意为水库建成后使全县尽快实现水利化和电气化。1958 年 5 月，由楚雄州和县农林科水利技术人员进行勘测设计，同年 7 月 18 日正式破土动工。工地上设有工程指挥部负责领导施工，并抽调受益区和非受益区民工参与修建。1959 年 5 月，由于人力、物力、财力等不足，工程在完成主坝 27 米后被迫停工并开始蓄水运行。之后又对水库进行了续修、加固和配套，历时 20 多年才最终得以完成。该水库是当时全县规模最大、历时最长和投入人力、物力、财力等最多的工程。

口述人：张浩文　男，1941 年生，昆明市禄劝县撒营盘镇撒冲办事处六村务农

采访时间：2018 年 7 月 20 日

1957 年修了一个小水库的坝，修好后觉得太小，才上马这个水库。那

时候干到晚上 12 点才睡觉，早上七八点去上班。任务是分工，就是你一天完成多少任务都是事先规定好的，必须完成才能休息。开始吃得还可以，后面就不行了，才吃一点儿，又没有油水。当时办了个大伙食团，每人每天吃一斤七两的饭，到了开饭点就吹哨子，让我们过来吃饭，吃完饭后我们就休息。然后又吹号去上班，也就是说做工和吃饭都是有号子的，到睡觉时间又回来睡觉，这样苦了很长时间。

以前在双化水库，我就是拉马车，拉泥巴，拉上来又去倒掉，又拉上来，干了几个月。这个工作不是几天就完成，而是半年，就在那半年差不多结束，他们劳动力不强的就被送回来，主要是要劳动力好的。修这个水库，开始的时候是先挖土，还有就是修路，挖土就是把坝子底下的土使劲深挖，然后运出来，修路就是要修通到坝子上的路，方便民工走。这个水库，完全是我们去挖，也有妇女、小孩、老人，就完全是挖土，用大扁担挑着或者背着，我们就是拉车，那些妇女也负责挑土或者拉车。小伙子二十几岁，就是拉马车，那时马车下坡不安全，就是有个人拴绳在后面别着，下坡的时候拉不住。你看看，有翻车的，拉不住的，撞了的，那个时候真的是不容易。马车是没有马的，就是我们用人工拉，如果用马拉就好了。四个儿拉一车，用木板做出来，放一个箱子在马车上面，然后再拉，有个妇女生理期，疼得很，不能去，他们连长说："让你去拉，就去拉，必须完成任务。"有的人干了两次就伤到了。那时候，人狠点儿的就去外面打零工，在水库里的都是农民，那些妇女、小孩、老人，那时候干活苦得很，就是为了吃饱饭。

这么大的工程，会有伤亡情况发生，炸药爆炸烧了十二三个。起因就是他们在楼上开会，下面堆着炸药，后面他们吸烟，一不小心，掉在火药上，就烧起来了。虽然也强调安全，但农民文化水平低，加上上万人在劳动，难免会发生这样那样的意外。工地上的民工有些住在工棚里，弄点儿草，砍点儿叶子，围着就盖起来，有些在房子里，是移民搬家后空下的，以前就有人在那里住。我们就在工棚上，天天睡在那里，潮湿得很，都是打地铺。如果遇到下雨，可能就会淹没地铺甚至人都会被漏的水淋湿。除此之外，工棚里经常有老鼠活动，这些老鼠到处找东西吃，有时晚上都能感觉到老鼠在身上爬。前面我说了，我主要负责挖泥巴，拉泥巴，就是用车拉。当然，在干活的时候我们也有比赛，这叫作提高工效，无非就是看哪个组或者哪个人提前完成任务，甚至超额完成任务，如果这样就会受到表扬，发点儿纪念品，有毛巾、洗脸盆、肥皂，那时候精神奖励要比物质奖励多。有时因为要突击完成任务，直到晚上一点才休息，第二天一早天不亮就起来干，不起来干，完不成任务的，连长和排长就会下来说。

工地上吃饭有些人吃得饱，有些人吃不饱，饱不饱都是称给你吃，每个人一般 7 两，年龄大一些的够吃，但青年人就不够吃。我们那时候拉马车，干完了活，这么点儿饭，不够吃，也不可能给加饭，每个人都是固定的量，相当艰苦。在别人看来，拉马车是用马拉的，其实不是的，当时哪有这么多马呀，大都是靠人力，宽的拴在腰那边，绳子套在脖子上，手里还要用绳子拉，衣裳都磨掉了，肩膀皮都掉完了。我那时 18 岁，就在工地上拉马车，主要是为了挣工分。当然，如果拉马车拉得好有奖励，奖励一包烟或者一双草鞋。如果连续加班三天三夜或者五天五夜，会拿点儿烟给他们抽，拿两三斤酒给他们喝，这些人一般都是参加了突击队。在做活的过程中，不同大队派来的人按照班、排、连等组织起来，指挥部分派给他们任务，这个月这个连队第一名或者第二名，另一个月是别的连队第一或者第二名，就是通报表扬。我记得有一天，要我们比武，也就是比赛劳动，负责人用长尺子一段一段量，量好就开始比武，那个乡来几个，那个连来几个，个个背着篓站在那里，挖泥巴的是哪几个，搬土的是哪几个，安排好后，哨子一响，大家就开始干活了，最后看谁先完成任务，这就是比武，也叫劳动竞赛。要完成任务就要跑着干，有负责的在那里记着，你是几号，他是几号，一号跑多少了，二号又跑了几圈了，他一直在那儿念，时间到了，哨子一响，停止了，看谁最快。

工地上的娱乐不多，这么多任务量，大家完成后都很累，回到工棚就睡着了。不过，如果有上级来检查或者过节，工地上还是要安排放电影的，电影一般一个月一次。那个时候放的电影就是战斗片，鼓舞大家的士气。高强度的劳动让一些人吃不消，个别人会有偷懒或者逃跑的想法，偷懒倒是很常见，就是磨洋工，不过最后还是要完成任务。至于逃跑，如果被民兵抓回来就要受到严厉的批评教育，一般人是不会逃跑的，有人管理，有治安委员监督。工地上男男女女都有，有的妇女为了挣工分，把小娃娃背在前面，背篓就背着土，干一天活给 8 分，男的是 10 分，条件相当艰苦，吃得不是很饱。在做活的过程中也有受伤的，这很正常，这么大工程，上万人，不可能不发生擦伤的事情。受伤了擦点儿碘酒，感冒用点儿头疼粉。我在工地干了一年半，那个时候除了修水库，还有大炼钢铁，中国贫穷落后，什么都要建设。这个水库建起来以后，对当地还是有很大影响，庄稼有水可以灌溉了，起码天旱的时候不用跑很远的路挑水了。

口述人：刘增禄　男，1933 年生，昆明市禄劝县撒营盘镇尚德村九组务农

采访时间：2018 年 7 月 20 日

修这个水库的情况我还记得一些，第一天去还没有开工，我们第二天去才开工挖掘。在那个时候，我们干的活是拉土，一天大概拉 16 趟，要多放一些土，效率高的差不多要拉 36 趟，但是没有一定的限制，只要拉足 16 趟就可以拿 10 分，如果超过了就多记工。那个时候，还发生了一大件事，他们干活那里水高涨，快要溢出来了，说要溃坝了，晚上我们都没有睡觉，就站在外面平地上，当时确实不容易，前一天吃了晚饭要一直到干到第二天早上吃早饭的时候才能回来。那时候也没有想到会有今天，干什么活都是用锄头挖，然后开始背、抬，没有机器设备，效率低。等差不多要做完活就挖一条路，用车子拉来泥巴填充。那时不劳动就没有吃的。为了防止有人假装生病，不管是真病还是假病都没有吃的。我们早上很早就起来，有的施工队天还没亮就已经拉了 16 趟，反正就是不停地干活。

我们在四营，是住在棚子里，就是砍几根木头搭起来的，没有住过房子，工棚分男女，互不干扰，男的拉马车的比较多，然后就是挖土的，女的主要负责装土、推土，是比较轻松的活。我们开始只能拉 10 车左右，后面能达到 26 车。工地上有伙食团，我们四营就有食堂，专人负责做饭、买菜这些，有时候买菜的地方比较远，就让搞维修的去拉，才有吃的。我们在工地上待了一年半，直到水坝完工才回家。什么活我都干过，拉车、推土、敲石等，积累了一定经验。当时成分不好的人领导让干什么就必须干什么，基本没有反驳的余地。

修水库的活不算重，但也不轻，主要是赶进度。在工地上伤亡还是有的，就是有基础病或者放炮打死的，还有就是超强度加班累死的，但这些情况是极少的。工地上的管理是比较严的，偷懒、逃跑的几乎没有，更多的是比赛，按时或者超额完成任务，这样就能获得表扬乃至多得工分。说心里话，年轻人一般还是能撑得住，年纪大一些就熬不下去了。

当时如何计算拉车的次数呢，就是拉一次车发一张纸片，等完成任务后，拿这个纸片核实记工分。当时实行的工分制，男劳力一天10分，女的一般8分，超额完成的就格外加分，这个工分可以回队里换粮食。当时体力劳动繁重，年轻时没有感受到，现在年龄大了，天阴下雨，肩膀和四肢就麻痛，一开始早上去背一趟四五十斤的柴，胸前面就痛，就是当年落下的病根。这个水库，当时相比其他工程还是困难得多，不过我们也是一步步走过来，最终修建好了。水库修好后，有专人负责管理，农田的灌溉用水解决了，现在来看，水库对当地老百姓的帮助还是很大的。

口述人：王天成 男，1936年生，昆明市禄劝县撒营盘镇撒冲村十村务农

采访时间：2018年7月20日

我们属于双化水库的移民户，说起这段历史，我的话就多了，不过年纪大了，有很多还是记不得了。修这个水库淹没了一些土地和房屋，当时政府上门动员搬迁，我们有些搬到亲戚家，有些被安排在牛圈，有些暂且在水淹区的岸边搭建简易的棚子住着。当时时间比较紧，搬迁的节奏也比较快，有些事情没有来得及处理。我记得到20世纪60年代初期，我们又搬回来，主要是搬迁到新的地方，与当地在重新分配土地和记工分以及生活习惯等方面不相适应，所以就搬回来了。

当时我有20岁左右，现在83岁，有60多年了。当时土地没有了，投亲靠友的，搬迁比较急。搬家的时候工具都不要了，马车都没有。搬了多少，现在记不住了，时间长了，搬家后分的土地很少，那时候地旱，庄稼都长不出来，现在这两年还有点儿玉米。记得20世纪60年代初开始进行搬迁补偿，当时一间补助350元，自己盖，房瓦要到各处去买，350元一间的房子质量不是很好，等几年倒了，又要重新建，我就是重新盖房子的时候从房子上下来摔残疾了。因为我们是修建这个水库而搬迁的移民，所以就没有参加水库的修建，当时参加的都是受益区的民工，他们自己扛着工具，每个生产队安排几个人过来修建。我们是移民，主要是搬迁和发展好后续的生产生活，但时间紧，也比较仓促，还是遗留了很多问题。现在来看，修建这个水库还是值得的，虽然我们为此付出了很多，但能实现庄稼良田的旱涝保收还是不错的。

邵家水库修建回顾

邵家水库是大理州内最大的一座水泥浆砌石拱坝之一，坝址距离县城65公里，距下游普淜水库11公里，水库控制径流面积67.13平方公里，总库容1035万立方米，兴利库容719万立方米。由大理州水利勘测设计队设计，1971年正式完成设计任务，由当时的祥云县革命委员会组成邵家水库工程指挥部负责施工。该水库1969年开始动土做准备工作，1971年着手大规模建设，历时3年才得以完成，当时正值“文革”，但广大民工排除干扰，对工程建设坚持不懈，到1976年完成了工程扫尾工作，并设立水管所进行管理。

口述人：王荣　男，1957年生，大理白族自治州祥云县普淜镇麦地平村务农

采访时间：2018年7月24日

那个时候我们刚念完书回家，已经有十五六岁了，要修建邵家水库，我们就去干活。反正我们做的活是称斤两的，挑多少算一个标工是有规定的。以前一天三班制是分配好的，有白班和夜班，晚上是没有电的，都是自制发电，指挥部晚上也是用自制发电，没有电就用汽灯，到处都是汽灯，没有别的照明设施。所有的民工都是来我们村里住，当时根本没有什么机械化的工具，完全是用推车干活。

修建普淜水库我们也去干过活，民工住在老百姓家里是免费的，因为工期比较长，有的民工住了几年。虽然住在一起但不是一起生活，他们有自己的伙食团，在工地上做活，在工地上吃饭。比如，哪个村委会来我们这里住，人家是有一个伙食团的，有专门砍柴的，两个人烧火煮饭吃。当时就砍柴烧饭把山上的树连树根都砍完砍尽，整个山都是光秃秃的，那时候煤炭缺乏就只能砍树了。虽然没有导致水土流失，但也浪费了一些资源。后来这些树有国家种的，还有我们自己栽的。多少人组成一个伙食团没有规定，一般是工地上一个连组成一个伙食团，有四五十人。我们因为隔得近所以干完活了就回家吃饭。我所说的伙食团是从祥云坝子里来我们这里住的那些人组建的。这个伙食团有的在工地上做饭，有的在主人家做饭，工地上这么多人，有好几个伙食团。在主人家做饭，一般有专门做饭的地方和住的地方，有个厨师专门做饭，还有负责买菜、买粮食的，那时

的生活是十分困难的。上面（国家）一个标工给二两或者三两的粮食，是国家补助，要说生活得好是不可能的。我在工地上白天干活，晚上也干活，我们也做过挑石头，在邵家水库的时候，我们也修过路。首先要把路修通才可以修水库，没有路，一些物资就无法运到水库坝子上，那时根本没有什么机械，完全是靠人力劳动，用两块木板拉着做工具，用锄头，用人力。修路、奠基都做过。奠基是用水泥机浇灌然后才牢固、稳定。还有挑石头，那时候我们挑的石头有三四十公斤的，比如，我们去普溯水库挑的是一百多斤的，眼睛都挑花了，肩膀都磨起泡了，当时不知道怎么熬过来的。

邵家水库在修建的过程中是分工进行的，让你做什么就做什么，有指挥部负责，指挥部分配下来，乡镇的民工分到什么就做什么，它不仅仅只做一种工作，有好多工作可以做，分工协作。因为不是只有几个人，这是要几班制轮流完成的。我队分到四个，没有专门的负责人，那时专门的负责人是属于村公所的。当然有时也开会，就是开得很少，完成任务才是大事。开会内容都是围绕着水库修建方面的。也学习一些文件，就是如何加快速度修好大坝。那时都是吹哨子出工，几点上班，几点下班，是有时间的。修水库那个年代生活是非常艰苦的，都是吃些杂粮，有时去山上挖野菜，过节补贴点儿肉，至于细面是很少吃到的。在工地上做活，分下来的任务照样要完成，完不成上面会监督着你，会受到批评教育乃至处分。当然也有偷奸耍滑的人，不过偷懒后面什么结果我也不太清楚，反正分给我们的任务是要完成的。除此之外，工地上因为人多，工种比较杂，难免会受伤，受伤就是去卫生室简单包扎一下，不过我一直没有受过伤。指挥部成立的时候设有医院，医院有专门从上面派下来的医生，没事的时候医生也去工地上巡查，不过大多时候还是在卫生室里面，那时安全问题根本就不存在。除了男民工，工地上也有女民工，女的去做民工是不划算的，分值不一样，男的是 10 分，女的是 8 分，女的从外面来的大多数都是在工棚里住。整个祥云县各个村委会都分到标工，都要来做的。标工那时是属于生产队，生产队记工分，一个标工就是 10 分。多完成工作，就多拿工分，工分多可以分到多的粮食。

干完活是在村委会记工，那时称作大队，队上有一个人专门管着这方面，很多时候由会计负责，还是比较公正的。干完活不用报工，因为白天做活会帮你统计的。那时工地上做活都是去做标工的，规定好任务，做完了测算一下就行了，比较简单。修建邵家水库时，如果挑石头挑得差不多了，一种情况是发牌，挑到一挑就发一个牌，最后来数牌算标工，计算多少挑为一个标工。另一种情况是标好挑了多少石头，然后记着。工地上有些人狡猾，有些人老实，老实人就干得多。也有偷懒的，偷闲躲懒的就少要一点儿标工，多休息会儿，也有想多要点儿标工的。管理方面是分着的，哪个村委会的民工做哪些工作都是分配好的，各自做各自的，不然那么多人怎么管理。大家都是按照分配好的任务做活，不同连队分配的任务不一样。邵家水库修建起来以后我们这边变冷了，风大了就更冷了，不过现在这个水库对我们帮助还是比较大的，灌溉用水都是从里面引出来的。

口述人：朱仕昌　男，1945 年生，大理白族自治州祥云县普淜镇小河村务农

采访时间：2018 年 7 月 24 日

我们在工地上干活的那个时候，大理州的州长还来帮忙抬石头。我当时 20 来岁，1969 年 12 月开工就去那里干活了。干活的时候是有分配任务的，分到你完成多少土方，拿石头拿几斤，都是有一个定额的。我们白天和晚上都是轮流做活，干活是按标工算的，完成多少任务算一个标工。有的时候吃都吃不饱，都是一些粗粮和青菜，肉食很少。当时我们村里面参与修建水库的还有三四个，因为生病都走了，我算身体还好的。当时就是做苦力，上级分配下来让去做什么就做什么，挑土也是按称斤算。称上面有一个架子，是用两根杆子架起来的，中间挂两个钩子，挑来的土用钩子勾住，然后开始称土。石头也是要称的，两个人抬着，称过才知道做了多少活。我们现在老了，没有力气了，那个时候我们两个人可以抬 235 斤的石头，现在说出来都没人相信。那时候有一块很大的青石，抬下来以后他们说抬不动，又滚着回去抬上来称了。当时和我抬石头的那个人现在还健在，他比我大 10 岁左右，抬的时候让他在前面走他还不愿意。那时候跟我一起打炮眼的全都不在了。打炮眼是用人工打的，打完炮眼再往里面放炸药，然后吹哨子，清理人，让人们遮挡好。那时候抬的石头是运到坝基里面的，石头需要打磨，然后筑坝。清理坝基的时候需要炸药，里面不管多硬都能炸开，炸得比现在的楼房还要深。做过这个的人很多，山上几乎都是人，还有去稍微远一点儿的邵家、磨地坪、鲁家住的人，有几千上万

个，都是各地过来支援的。

我们当年晚上也去，打坝的时候是多班制的，有时候一晚上有两到三个班，里面很冷，灯又不是很亮，好像是 4 个小时一班，那工作很累人。那时候享受不到国家政策的就不来修，享受得到国家政策的就来修，就是所谓受益区和非受益区。修水库的很多是坝子里面的人，我们这里也就是普淜地区享受不到国家政策，基本就是坝子里面的，都是每个人完成各自的工作就下班了。工地上也没有说为了超额完成任务进行比赛的活动，只是说称斤的时候像比赛一样，都是根据任务完成工作量。我们修这个水库的时候没有因工程死的，大家的安全意识还是有的，工地上也经常教育，让我们注意安全。工地上女的也有，但只是少数，大多数都是男民工，不过水库后期工程有很多女民工，她们主要负责一些轻松的活。我不太擅长表达，基本就是这样的一个情况。

口述人：丁光德　男，1940 年生，大理白族自治州祥云县云南驿左所 57 号务农

采访时间：2018 年 7 月 25 日

在邵家水库吃的是由国家补助的一斤干粮，如果不够要自己带着粮食去。那时候是给三角钱用作买菜，生产队抽调劳力到邵家水库做工。我们首先到清基，把坝子底下清理好。这工作完成后，由于人手很多，每个村都有不同的分工，有些人做石工，有些人打石头，还有些人挑土，假如你是石工，会做一些专业的活，就去报名。那个时候我们是估算方量，多少一方量被算作一个标工，一个标工在那个时候就是一个工，一个工就是 10 分，你完成了方量又完成了标工，那么任务就完成了，大体就是这样的。先把土层清了，土层清到底、清到位之后又像我之前说的那样去分工，清基的清基，抬石头的抬石头，你愿意做什么，能做什么自个儿心里有个底，那时候没有工种可以选择，你愿意做什么工作都是自己选择，做了之后就按标工去算。清基完了之后我就去撬大石头、打炮眼，比如说，我们这个生产队去了 20 个人，我们三五个去撬石头，然后给我们任务方量，组成一个工日，达到工日之后就有基数，超过基数就超额完成了任务。因为这里山比较多，打了炮眼之后拿一个物件来掏，那个时候是拿炮杆大锤用八板锤打炮杆，然后打出炮眼。这个宽度是由炮眼口决定的，大多数都在 1 米以上，如果不到 1 米要浪费更多的炸药，最起码都要 1 米多，不下于 1

米，人家才会帮放炸药。我们打炮眼的是一组人，装炸药的又是另外一组人，打的炮眼没到标准，就算报上去也不会帮你装炸药，不帮你炸石头就是白费力气，然后你就拿不到方量。装完炸药之后，就吹哨子，让民工注意安全。

我们将哑炮叫作忍炮，打完石头，下午就要放炮，我们打炮眼的地方有点儿偏，吹哨子能听见，但有时躲还是需要时间，炮响之后石头就掉下来了，无法避让，就会被砸到，当时我戴了一顶草帽，石头打到了我的肋骨，经过治疗还是留了伤疤。工地上受伤的情况还是比较普遍，别的我不清楚，像我们，被砸以后就住在医院里，工地上只有像被石头砸到、碰烂这种要住医院，送到大医院的就是怕有生命危险了。工地上有医院，但比较简陋，头痛发烧、身体免疫力弱之类的可以看，那些大病大伤之类的就看不了了。后期受重伤的会有补偿，当然钱也不多，轻伤的好了之后就继续做工。

我现在已经快79岁了，转眼多少年了，那个年代是辛苦的，去的时候挑着行李去，回家的时候也是挑着回来。石头运到大坝上，到哪段路运多少方量就得到多少个标工完成了你的工日，数量就是这么定的。比如说，我要把石头挑到村委会，一个人要挑一千斤或者两千斤就被算成标工，多挑就多得几个标工。一个村算一个社，像我们这里一个大队有几个社然后有几个组，各组管理各组的，一个组有一个计分员，一个队我们去了20多个人，做饭的人构成一个整体。轻松的活就是计工，能够分到的多半都是懂这些方量的，有文化知识的，一般选择会计。以前一天就吃两顿，粮食就是生产队补助，或者自己带，要是吃了两顿饭还饿就等做完活煮自己带的粮食吃。那个时候很少会有肉吃，也没有规定每个月要吃肉，最多就是水利局在过节的时候分下来一些，看大队有多少人，就给伙食单位多少肉，如果还想要是不可能的，十多个人吃一盘肉。酒都是定量的，每个月补助点儿，就算有钱也买不到，不像现在一瓶一瓶的。工地的商店有烟卖，那个时候抽的是马路烟，最高级的就是春城烟，四角钱一包算是高档的了，我们那时候的工分值，一天到晚不回家都没有四角钱，做一个工也没有多少工分值，而且还要养活一家人，我们家里有两个劳动力，还要照顾娃娃、老人。出去做工如果做不好还要被批评甚至惩罚，不做工就没有补助。生病请假要经过医生的批准，才会有三角钱的额外报酬。那个时候的生活真的很艰苦，国家也困难，在工地上住的是茅草屋，行李要自己挑着去，不然就没有睡觉的地方，有的人在家里住，我们是通过生产队帮我们找好住的地方，那个时候遮挡房子的塑料布也很少，都是随便遮一下。大小便就在棚子的旁边搭一块布，挂上几张帘子，做成一个简单的厕所，没有条件洗澡，干完活回来，用做饭的锅烧一锅热水，洗脸洗脚，然后就睡觉了。

做清基有时候大风吹过来都睁不开眼睛，用手擦一下都是灰尘，回来之后洗一下脸，那时候香皂和洗衣粉很少有，10 个人中只有 5 个用得上，男民工洗澡有时会去小塘子里。平时在工地上很少学习，最多就是念一下报纸，宣传一下上面的方针政策。工地平常没有娱乐活动，白天干活晚上休息，如果是晚上干活就白天休息，修建邵家水库很多乡镇的人都来了，都是轮流来干活的，每天做 8 个小时，8 小时干完以后该走的就都走了，做了多少活都会记着，没有专门的石工，石工都是由各个村寨出来拉石头、撬石头，然后去清基。有的都是在一起干活，干活干得好的是单独的一队，都是按完成的标工来算，没有什么区别。对于那些偷懒的，要进行思想教育，标工完成不了就会被批评，偷懒就没有标工，吃也吃不饱，回来家里生产队也不接受。工地上劳动强度大，但是不能跑，要是哪里不舒服或家里有事情耽搁了，回家几天是可以的。在生产队做活就是按标工来算，比如，去田里割稻谷，有人割五六分就为一个工，割到一亩就有两个工，一个月有 30 个工，如果你多做了几十个工，分红的时候就分到更多的钱。修这个水库好处很多，农民没有水就无法生产，当时这边经常干旱，水库修好后起码有水了。就拿现在来说，多下点儿雨，庄稼收入就多一点儿，干旱的时候连去哪里挑水都不知道，邵家水库开工了，派任务下来了，一个生产队负责做几百几千个工，做好了就回来，做不好要把任务完成了才回来。邵家水库不建起来，存不了小河塘的水，建成以后，大家都很高兴，说那个时候苦一点儿，但是现在见效了。我们是十几岁就修水库，当时的条件非常艰苦，但看到现在田地和老百姓用水都从这水库里来，我们也是高兴的，前人栽树，后人乘凉。

口述人：刘正才　男，1935 年生，大理白族自治州祥云县云南驿左所159 号务农

采访时间：2018 年 7 月 25 日

我们当时修建邵家水库是走路去的。干的活都是抬石头，我和我弟弟，还有我们队上的四个人抬，很辛苦。吃的都是稀饭或者是玉米面，那个时期太艰苦了，生产队安排人去，只要有劳动力的，我和我弟弟都是劳动力强的。我们能挑 100 多公斤，就是因为挑石头肩膀这些地方都变形了。为了修建邵家水库，很多地方的老百姓也来支援，主要是受益区的。邵家水库修建完，我又去罗家村水库干活。当然最苦的日子还是修建邵家水库，为了赶工期不分昼夜地干活。在罗家村干活的时候吃的都是稀饭、玉米面，在邵家水库吃的饭比较简单，汤汤水水，第一年我去了，第二年也去干了两个月的活，干的活主要是抬石头、打坝。抬石头用木棍担在肩膀上抬，用一个分叉的棍子抬石头，真的是太辛苦了。石头是用大车拉来的，然后我们把那些大石头砸小，因为大的抬不动，有时不小心石头掉下来就会伤到人。石工把大石头和小石头混在一起，放在上面然后修建大坝，抬的石头多工分就多，然后生产队给的分也多。当时抬石头算工分，但要有一定的量，重量不一样，工分就不一样，得到的分红也不一样。

因为工地距离我们家比较近，我一天能回家三次，出太阳的时候回来一趟，吃早饭回来一次，午饭回来一次。抬石头的活是属于重体力，石头压的肩膀疼，我们干这些脚疼手疼，也是没有办法。肩膀受不了还是不得不抬，当时年轻还受得了，有年纪大的就让他做比较轻松的活。比如，左边肩膀抬酸了就用个分叉棍子在地上支着换右边肩膀抬。工地上也有受伤的人，有被石头砸到的，也有摔倒的。当时宣传修水库是为了灌溉田地种庄稼，为了子孙后代，所以我们就去了。我在罗家村主要是拉推车，看你拉多少趟多少土，拉着土去修建大坝。

修罗家村水库，当时是生产队队长直接上阵干活，买了一些红糖、大米煮稀饭给大家补身体，上坡时推不动生产队队长也和大家一起推。修邵家水库时没有什么补贴，都是记工分，按照任务多少记工分。工地上的民工有的住在工地上，有的住在私人家，白天干活，晚上在路边的灯下用麦草编草帽卖钱。工地上没有收草帽的，休闲的时候带回家去卖。我在工地上白天抬石头，晚上编草帽，因为年轻的时候干劲足、精力大，吃得也特

别多，但还是吃不饱。当时伙食团做饭把山上的草根，各种草都用完了，山上的草都不会发芽了，不像现在遍地都是草。干活的人也有逃跑的，那么重的活有些人是吃不消的，逃的那些人就没有工分了，也拿不到分红，还会被抓回来继续干活，但是他们还是会跑的，因为承受不住干活的苦。逃跑的人会被抓回来进行教育，如果情节严重的还会被处分。

那时把我们调到邵家去打隧洞，要打到洞底，当时我也去了，因为上面只有一个简单的框架，我们去了三天后，洞就崩塌了，当时我们队上有一个人被三个石头夹住埋起来了，还有一个是在地道里打到脚，我把他背上来的。打地道时是挖大洞，当时洞底直接有吊篮，我们到洞底是要打各种锤，打的位置不好站要横着或者竖着打，打上炮眼然后炸开。虽然洞底的活很苦，但待遇也好，会供肉供酒，大家能够吃得饱。施工就是抬大石头，其他人四个人抬着上坡，我是和我弟弟所以抬的就更重一些，路上都是石头、水、泥巴，特伤鞋子，很累，不是年轻人根本干不了。回家也要走着，坐车要花钱，但我们也没有钱，遇到好心司机可能会带一程。

工地上也有女的，她们主要是挑小石头、挑土、拉车，各干各的，比较轻松一些。我修了很多水库包括邵家水库，也修公路，去矿山。修建水库一年四季都干活，管理非常严格。当时我们的领导是很好的，关心劳动人民，也不会打骂。能去修水库很高兴，因为我要挣工分养活儿女，供他们吃穿，所以不得不干活，现在我老了，儿女也孝敬我，孙子也考上高中了，很幸福。我现在也就下下象棋，虽然手脚不灵活了，但是会干一些家务活，因为闲不住。

白腊山引水工程建设记

白腊山引水工程位于罗平县境内，引九龙河水，属于南盘江水系，全长75公里，是灌溉该县罗雄坝子耕地的重要引水渠道。工程分为三期，第一期自1969年至1972年，1969年8月成立了罗平县白腊山引水工程指挥部，调集受益区的4个公社参加，1971年主干渠建成通水，1972年5月完工。第二期工程自1972年5月至1973年4月，主要是完成东西干渠的施工。第三期工程自1973年7月至1974年4月，先后建成东干渠自品德至沙湾1.2公里，西干渠自幸多禄公路桥至下阿列，新寨至小明寨段，共长18.6公里。1974年4月成立了罗平县白腊山灌渠管理所，负责工程的维修和续修。

口述人：陈树明　男，1948 年生，曲靖市罗平县板桥镇金鸡村务农

采访时间：2018 年 8 月 6 日

那时我还没有结婚，一直在工地上做工，我们那些年身体相当硬朗，当时国家不发达，没有大机器，条件相当艰苦。工地上全部都是人工，人挑人背的，那些火药，拿给我们放在石头上面引爆，然后去搬被炸下来的石头。我不到 20 岁就当上了生产队长，今年我已经 71 岁了，现在还在村里负责一些事情。我当生产队长时，领着一些年轻人去白腊山做活，那时候艰苦得很，每个人拿锤打石头，用圈子套起来，如果不用圈子套，那些碎石就会到处飞，圈子套住后把石头敲小，然后来量立方数，敲了以后装满木箱，一木箱才有半方，以后再挑，以斤计算，我们当时一次可以挑 70 斤，根据这个来计算工分。为罗平引水灌溉工程，全县不同公社的人都来支援，还成立了指挥部负责统一协调，当时还有工程师和设计技术员。最苦的就是打隧洞，先测量，然后从两边来打，当时用风钻来打，打了以后安铁轨，然后要把那些土铲了送出去倒，就像这样做出来的。还因为这项工程的一头要接到排管站，占用了这个村子，所以这个村要整体搬迁，因为要打坝，后来白腊山的大水库，就占了他们村子的很多地方，这都是政府动员组织搬迁的，分散安置。

工程修完，生产队派我们去放水，我们村每一个闸门都要让两个人守着，分到哪个闸就要在哪里守着，要让每个村子都能有水流。我们曾和其他村发生了矛盾，有个老人有点儿霸道，偏要把闸开大，然后被人打了，当时村委会的书记、主任带着我们一群人去讲道理，就问："你为什么要把闸开大，你开大了我们下面就没有水了。"政府专门有人管水，但是管水的都是上游村子的人，对我们是不利的。当时在工地上，国家给了一点儿粮、油、肉补助，补助按做的工来给，做了多少就给多少。打隧洞是最艰苦的，洞里铁轨安好，下面是箱子，把土装进去，到一定位置就把两边打开，土就流了，然后一个人进一个人出，那个时候一个换一个，做一下就出去，谁都不会管氧气足不足，一般都是年轻人，都可以承受住。洞从两面打，并不长，还是能承受，放炮的时候，洞旁边的崖口被炸碎了，火药完了自己去领，不限制时间，用大锤挨着打石头，一个人扶，一个人打，换着打。这个隧洞当时幸亏没有塌方，不然要伤一批人，当时工程简

单，地质条件还可以，再者我们也都注意安全。

当时工地上还有保健员，需要的时候就可以去开药，就是一般的感冒、头疼、擦伤的药，比较简单一些，那时候的人生病的不多。还有专门医生。工地有任务分工，隧洞分有几个名额就必须抽足名额，然后有施工的专管人员，抽几个由人家统一安排，有专门指挥部，有管总的，也有管分支的，整天往工地上跑的也有，沟上都有巡逻人员，下面有安全做活的安全员。当时戴着红色套子，让你站着都要站着，不站会被批评，当时喊口号、做活、吃饭都要汇报。不过在工地做活吃得倒不差，国家补助给点儿米，自己带点儿面，然后把米面掺和煮，吃点儿嫩豆腐、白菜、青菜，不像现在黄叶子都剔了，只剩一点儿菜心，肉当时是国家补助，你超额完成多少任务量，一个月给你多少。

那时候不像现在干活给钱，当时就是记工分，一个工分分得三角零几分，这还是因为队长能干，如果是没有钱的队，就很穷了，分不到多少钱和粮食。我们有时还吸烟，都是吸水烟，吸不起这种卷烟，在工地尽量不花钱，加班多得点儿，一般挖沟不加班，隧道里要加班，我们就挖土沟，挖了就挑出来。隧洞很深，有一定坡度，像那种大岔口洞里才用水泥，不然不安全，一个人扶着钢钎，一个拿大锤去敲，打了洞以后把火药放进去，炸开以后把石头敲碎搬走。这个工程用了六七年才修通。修起来以后，我们的农田不干了。当时我才 16 岁，挑 35 公斤，到半路就受不了了，坡道又大又陡。这个大工程，成千上万人，娱乐活动倒是有，但很少，就是逢年过节县里会慰问一下，有时工地上也会看电影，就是晚上看，还要在任务不紧的时候。电影都是一些革命片，鼓舞大家热情的，至于唱歌、跳舞，这些都没有，顶多就是休息的时候大家聊聊天，开开玩笑。总之那时条件艰苦，不像现在机械化水平高，我们是苦过来的。

口述人：孙聪柏 男，1942 年生，曲靖市罗平县板桥镇金鸡村务农

采访时间：2018 年 8 月 6 日

当时打隧道的时候，和我们一起的有板桥的田桥兴（音译），板桥在当时属于公社，他主管当时的工程，下面各乡镇上来的民工都由他管。我们就是在外面的一个大伙食堂，专门做采购，和县里的贸易公司联系，需要的菜、粮都是私人带去，如果不够就到贸易公司采购。专门煮饭的有五个人，煮饭都是用大锅。煮好一蒸锅抬出来，一般一个班就能吃这一锅

饭。在隧道里面的，各种算下来，包括铲沙的、掌握风钻的，每下一次班都是七八十个人。隧道里面都是利用轨道车子推沙，隧洞里炮一响，民工就要抓紧进去铲沙，铲好以后就要按时进去施工。里面放炮的放炮，操作的操作，各司其职。炮眼打好以后，由操作人员进去把火药装好，由爆破人员开始爆破，爆破人员出来以后，通知外面的民工，铲沙人员立即进去铲沙，里面有鼓风机吹着，火药引爆以后的烟就会飘出来，然后用翻斗车把铲好的沙推出来。隧道里面空气比较稀薄，干的活也比较重，民工们的饭量就大，吃得就多。

我们伙食堂的人，只要下了一个班就要供应一个班的伙食。有一段时间昼夜不停地做，“三班制”地干。为了突击，上面抓速度，必须在多长时间内挖通，使两面会合。当时和我在一起做活的人，到现在有的死了，我都八十多了，有一个霍世文（音译）也死了，现在唯一活着的是品德村的，应该八十八九岁了，叫李春泽（音译）。当时就我们两三个人专门负责伙食，我们每天都要出去采买。食品这些，采购了就必须送回工地上，每天的采购量都是知道的。反正里面人很多，我们每天都是用车子采购，送回去以后立即卸载然后能吃中午饭就和民工一起吃中午饭，紧接着还要出去采购。当时仅有罗平一个县城，蔬菜之类的非常缺乏，要到采购经理部的贸易公司，里面供应豆子、粉丝，副食品厂供应豆腐，粮管所里面供应黄豆，我们这里叫黄花豆。黄花豆采购回来以后，炊事员淘洗好，再熬成一锅，熬好以后用大盆装好抬出去。民工出来打饭，完全不排队打菜，自己拿大碗，菜打好以后端出去吃。当时所打的饭菜都是有数量的，饭大概是用秤称一斤四两，当时的粮食非常紧张，但大家基本还是能吃得饱。

国家供应的，如我们出去采购的粉丝之类的都是有标准的。或者是规定好几天供应多少油、肉。要到食品公司买肉才能拿进去，有时间限制。我们采购的量，要么10天，要么半个月，炊事员要掌握好，几乎要保证每顿的伙食。不能一两顿全弄了吃了，后面就没得吃了，那老百姓就要造反了。民工就会大呼：“我们吃不饱，我们这个干饭吃不了。”当时的油都是猪油，还有罗平菜花油。做饭时油的用量由炊事员掌握，我们只负责把采购的量交给炊事员。炊事员要衡量好这个油是多长时间的供应量，每顿应该用多少。能放多少就是多少，不能多放，要是几顿用没了，后面就不好办事了。当时每天采购多少都有标准。如粉丝或30斤或50斤，肉每次六七十公斤，菜油一次也就几十斤。采购进来以后，这些数据就交给炊事员，其中有一个人专门掌握这些数字，告诉炊事员要放多少水，要怎么放。当然也存在有人闹事的情况，但也是少数，主要因为当时纪律严。

采购都有交接手续，有一个人专门负责，当时的采购手续，包括开始时要签字，如我们去哪儿采购都有数据单，不开单据就不行，里面会查问。那些单据上面的东西都是否买进去了，采购完之后也有一个单子要交，防止采购过程中可能出现的问题。但是蔬菜供应不像现在有大棚蔬菜，以前还到街上买酸菜用来熬酸汤，或者买芋头做给民工吃。当时的蔬菜不像现在街上到处有摆着卖的，要啥买啥，每天的饭菜基本差不多。

舀饭的时候，有的舀多了，有的少了，会有人有意见，也存在着有人靠关系多给、少给饭的情况。出现这些现象以后开始用秤称，如果不用秤称，任由用大碗去舀，那就没数了。食堂里的工作看似容易，实际上根本不轻松，有时我们天一亮就要到城里去采购，还要赶回去，防止早上的菜不够，送回去，吃了饭以后，又要出去采买其他干粮带回去。开始采购的时候是靠人挑，挑个六七十斤，后来没办法了，我们伙食堂的人商量去买了一头牛和一辆车，用老牛车拉。一车要拉五六百斤。买老牛车的钱由伙食堂出，最后隧道打通以后，该卖的卖，牛也杀了大家一起吃了。工地上干活，没有啥聚伙、开荤的之类的，当时私人家里有猪也不养了，粮食都是问题，工地这么大的工程都是由国家供应，伙食堂养不了，也养不起猪。吃饭基本上不存在剩饭菜，都吃得很干净，能吃饱就不错了，更别说剩的。有的人甚至吃不饱，还要喝一碗汤，更见不到有人吃不完倒了的。

那时真的很艰苦。当时伙食堂的人也住工棚，在隧道边的一个地方搭了一个大工棚，在伙食堂工作不好操作。当时有两顿吃的就不错了，像馒头这些面食根本没有。每天，工人吃两顿饭，当时“三班制”的时候，上一班人吃了饭赶紧收拾洗净，准备下一班人的伙食，三班的人的生活都要准备好，民工在里面也很辛苦，不保证好伙食也不好干活。打这个隧道花了十多年时间，隧道打通以后，我们这一带还可以用水，甚至泡田。隧道打通以后，伙食堂拆散了，我们几个人也分散了，我又从伙食堂调到了排管站，突击建设排管站。水流以后要经过排管站，在排管站安些机器，水从隧道流出后抽上来泡田用。当时我在那儿负责管理。每天早上规定6：30起床，7：00上工地。但是工地上土质不好，泥全是黏稠的瓦泥，用锄头挖了想放装粪的簸箕里也不行，一直在滴水，所以大家只能用手捧，一个接一个地递下去然后扔到河岸，当时就是这样干出来的。

这个水渠修通以后水量还是很大的，地全都泡成田了，全都栽水稻谷子了，所以现在的庄稼产量就提高了。水渠修好以后有专门的人负责管理，国家也成立管水站，专人管理。水渠修好以后对我们还是有很多好处的，但是现在水小了，没有水了，有些地方破损得厉害。

当时的食堂都是在山上，还会出现老鼠。我们做好的饭全用饭篓装好、盖好，如果任由它们散放着，是有老鼠吃的。当时发现老鼠就打，根本不会下老鼠夹，用扫帚、棍子这些追着打，打准了还是打得到，不过不会吃老鼠。工地上粮食还是相对充足的，那时我们县里的重点就是修隧道，最大精力都投放在这个工程上。当时烧火都是用柴烧，那时柴火好找，有时牛车出来就买柴带回去，山上没有树，即使有一些也是湿的，烧不了，所以要买柴。罗平城就有卖的，有蓬子、松树条、草，就按一车买，当时真的挺不容易。还有专门的人检查卫生，一星期检查一次，检查的时候就看看有没有粮食掉落在地上，有无粮食馊了发臭，蔬菜做得是否好，是否清洗干净。

当时生病感冒的现象会在工地上出现，但食物中毒没有出现。当时工地旁边也没有什么野菜，加上班又跟得紧，也没有人出去摘，就算弄回来了，工棚里面也没人生火、做菜，都是在伙食堂吃饭。当时也没有商店，生病感冒找工地上的医生，该吃药吃药，该打针打针。关于这个引水工程的历史，我现在都不太记得了。没有修这个工程的时候，人畜饮用水都成问题，更别说泡田了。在我们这个地方也用龙潭口的水，但想要扩大土地面积来泡田是满足不了的，那时相对困难，所以这个工程还是挺不错的。修这个工程，有专门的指挥部，指挥部下面还有相关的部门，首先由县领导安排各乡镇，原来叫公社，各个公社主要负责人抓自己负责的，总的由县里安排，每个公社自己安排要找些什么人，岁数要多大，或者要物色好哪些人专门进洞，或是铲沙和挑土。在洞里面作业的人要身高高，还要身体特别好，才可以进去，才能拿风钻机，其他身高稍微矮点儿的就在里面除除沙，伙食堂的人也是由他们调了安排在里面。当时工地上有小喇叭通报：今天第几班取得了多少工效，还有在外面铲沙的那些民工，谁偷懒了或干了什么等等，有时候也放放歌曲。那时，山上宽敞，没有什么厕所，随便找个地儿解决，也没有啥女孩子，这个工程没有出现坍塌，包括打隧道时也没有，比较顺利。两面打通，相互会合，也没有多少偏差。那时没有机械化，条件艰苦，无论什么都要靠劳动力，搞人海战术，确实不易。

口述人：刘家安　男，1938 年生，曲靖市罗平县板桥镇品德村务农

采访时间：2018 年 8 月 6 日

打隧道时，生产队上开工分，根据工分年终分粮食。工地生活方面，开始自己在家里拿，后面还是有供应，生产队一个月发多少钱也是有规定，一个月好像五角的生活费。不过，我们当时生活也还可以，有专门的伙食堂，最后工地补贴点儿，家里拿点儿，国家补贴点儿，还是能吃饱的。至于穿的方面，里面除了发点儿水鞋，其他基本没有什么东西，衣服也是自己带的，没有所谓工作服，用的工具如板子、钢筋都是国家拨的。工具加工厂这些没有，只有铁匠打铁修工具，板桥有一个姓杨的，现在已经不在了，当时锄头缺了，他帮忙修。工地上有个姓巴的罗平妇女，有台缝纫机，可以补衣服，但是补的人也很少，一般离家近的人回来一天左右，在家就换了，那个年代艰难，我们也想过村里群众的困难。工程的工期还是比较紧张，过年也没有放假，不过歇工早一点儿，平时也不放假，请假的有，都是一些所谓重大事情，但也是属于少量人。我们大队的也好管，都很听话，只是有特殊事情，耽误了几天的，我都要催，要把工作完成，有分任务。

这项工程属于集体工程，打隧洞比较艰苦，打到半处会出现空气稀薄的现象，人就喘不动气，但有个鼓风机，解决民工呼吸困难的问题。没有鼓风机，是受不了的，人进去后空气稀薄，都是灰尘啥的。炮响以后，越往里面越深，呼吸就越困难，炮响以后用鼓风机吹烟，烟要半个多小时才完全出来，烟出来以后，才进去铲沙，一般也都轮流着进去，主要是在里面时间长了怕出问题。为了这个工程，还成立有一个指挥部，指挥部下面还有一些科室负责具体的落实，当时指挥部的头儿好像是姓张，带着郭主任去说服我的就是他，这个人是罗平的，现在已经去世了。当时炸药由国家提供还是比较充足的，梅花炮就是把炮眼打成梅花眼，它的威力大一点儿，要分长短的顺序来放，如果你只把中间放了，那边上的就不会响，都是要讲点儿技术的。这个引水工程对我们大队来说只有 2 年受益，只能供给上面，到下面就没了。那 2 年还用得特别费力，虽然收益时短，付出又

很多，但没有意见，毕竟前人栽树，后人乘凉嘛。

口述人：吴顺光　男，1950 年生，曲靖市罗平县板桥镇品德村务农

采访时间：2018 年 8 月 6 日

品德大队（现在叫村委会）主要负责白腊山引水工程。这个工程因为是引水，经过很多山，打洞比较多，要打穿过去，这面是板桥，那面是青草塘。当时我有 20 岁了，在大队革委会里，我最年轻，就派我去那里带队，去了就是在罗平，三个月都不得回来，民工来工地要给他安排住处，回家时要给他们把工分处理好，相当复杂。每个去的人一个月有 6 块钱的生活费，然后就计工分，我开始去的时候相当艰苦，山脚那里叫作大萝卜口，有 90 多家人，就驻扎在山脚，搭建个工棚，比较简陋，凑合住。当时就我一个人在那里，非常忙，领东西特别是分绳子，一根链子、一根绳子、一副簸箕全都是要我去签字才拿得出来。民工又那么多，时间非常紧张，忙得饭都吃不上，碗才端起来就喊要那些东西了，你要马上去干活，不去人家又等得着急。

后来那个张海青（音译）去世了，他也是大队里面的，当时派他去管外面，我管山脚，山脚有六七十个人，先去的就是搭工棚住，工棚搭建好后，各地方的人就来了，我们主要负责打隧洞，那是最苦最危险的活。因为设备不齐全，进度相当慢，就用电钻机一整天不停地打，安全上没有保障，最后，县里就把铁路处的请来专门打眼。

工程上民工也会负伤，小伤也有点儿多，当时牺牲了两个。其中一个因为天气热，当时隧洞实际还没有打通他就去洗澡结果被水淹死了，还有一个 70 多岁的铁路工人，由于下大雨洞里涨水，心脏病发作，背出来就不行了。其他的民工是因为在打眼的时候不小心受伤的，简单地包扎医治就行了。打洞时有一面红旗，哪个大队打得多就奖给哪个大队，最后我们打了 700 多米，另一个大队才 400 多米，红旗就给了我们这边。

这个工程是在半山腰，很多人都是背着铁索系着安全带，悬在半山腰打石头、钻炮眼。那个时候国家也穷，30 天才有 6 块钱的伙食费，打洞一天给五角钱，就是额外打洞给五角，然后又补助 6 块钱。有时打隧道出现塌方，供氧不足倒是也没事，这边才 700 来米，里面有一个较粗的鼓风机，连接到外面，里面一放炮它就把烟吹出洞。工地有个大喇叭，经常播放安全知识和上级的通知。无论是挖土还是修沟渠，多用簸箕挑上来，几百个

人上去挖沟，工地上有个总指挥，要休息了就用喇叭一喊，不可以想走就走，那个时候还是严得很。特别是我们大队小垭口隧洞，20 天就挖出来，劳动强度大得很。

当时我们都年轻，挖这个大沟的时候，我们是分开的。本来刚开始两年我就想出去的，由于不给任务，就到工程基本完了才申请出去。我在工地上就是全面负责生活、安全、生产。打洞是比较好的，一天给五角钱、半斤大米，我们两个大队开了一个食堂，当时搞得比较好，专门两个人去采购，也有专门的生产队长，我们工地上的生活归他们管，伙食有保障，民工也能吃好，这样做工才能有干劲。

工程安全要求是比较严的，什么情况下可以做，什么时候不能干，哪些不安全的地方要注意都是有规定的。工地上有个大喇叭，平时广播一些安全知识，不过我们农民也没文化，很多时候做活注意就是了。那个时候狡猾的人也不好管，凭你的良心做，你也不好说，现在像有计件，有狡猾的有代班的说说，说不住也就不管了。工地有保管室、医务室、发科室、仓库，还比较全。当时国家比较穷，在工地上衣服都是自己拿，水鞋都是放在洞口，要给下一个班的穿，坏了就用好的来换，如果不见了都要负责。炸药领取多少都要交代，谁负责放炮谁就要管好，出了事就要负责，我们这方面还是比较注意的。

隧洞打通后，在洞口搭戏演戏给民工看，来演了三天《沙家浜》，发到票我们也去看了，演得比较好。当时没有机械，这个工程用了成千上万人力，真的很辛苦，但为当地的农业发展做了贡献。

口述人：张兴礼　男，1949 年生，曲靖市罗平县板桥镇沙湾村务农

采访时间：2018 年 8 月 6 日

我记得这个大沟开始动工后我就过来了，专门负责管伙食，农民自己带粮去交，然后再称，称了以后发饭票。我专门负责煮饭，管那些煮饭的人，伙食团收粮后煮饭给民工吃。我们还有一个负责采购物的人，就是专门负责买菜、买油，还有一个会计叫张自喜（音译），负责采买的是霍世文（音译），三个人负责食堂。当时工地有一个指挥部，指挥部的田泽兴（音译），专门带领这群干活的人，还有铁四六局的拿压风机来，负责打洞，我们农民就负责铲杂物，铲了拉出去，就是这些事情。打了一年左右才打通，就是那个引水洞，打通了那晚还庆祝了一下。

隧洞是从两头打，到中间相联结。打通那晚，还有人来照相，完工了我就回家了，就没有继续做，交给了另一个人。就是这样。这个工程由政府动员，各个村子抽人，然后合并一起干，当时指挥部的总指挥带领着干。

我1966年初中毕业，1968年从学校回来了，然后生产队抽人修工程我就去了。因为当时我父亲他们都老了，我去做活，那时我哥哥没在家，他去当兵刚刚回来。家里就我大点儿，我兄弟还小。当时，政治要求比较严格，早请示，晚汇报。这个班下班了就要汇报，另一班上班的也要请示。当时是分班的，实行早、中、晚“三班制”，机器一直不停，人就轮流工作，以班为单位。请示完了就开始干活，吃饭不用请示，下班了就吃，该上班就吃了饭去上。从前隔半个月左右放一次电影，基本都是些红色电影，为了搞宣传。那时还有一个专门的广播室，就在指挥部那儿。广播些好的东西，比如，今天的进度如何，或是谁做得好，表扬一下。

当时专门盖了所房子作为食堂煮饭吃，那是个临时房子，用板子从周围钉，然后用油毛毡拉了盖起，只要不漏雨水就行了。当时也很简单，那么多年没有偷盗情况出现。那伙食堂周围都是围起来的，我就在厨房里住，负责看守。那时煮饭在一边，我就住在另一边，管伙食，管粮食、菜这些东西，菜每天都要去买，当时没有冰箱，早上去买足今天吃的量，吃完以后明天又去买，防止坏。我们当时一个村子去了多少人，有多少人吃饭基本上都是固定的，所以伙食变动也不大。民工带去的粮食都是自己家里的，是由生产队分到各家的，当时民工去做这个工程，自带粮食、工具，国家只给很少的补贴。国家所补助的五角钱是属于补助生活费。当时民工不会吃不饱，只要拿饭票，就多打点儿饭，只是菜是固定数量，一般不会出现多打少打的情况，勺子舀一满勺就打一满勺，该多少就多少，一般还是均匀的。

打隧洞时，很少有塌陷发生，放完炮，大家就把桩支上防止塌方，然后鼓风机抽烟，后面进去人运土渣，大家还是比较注意安全的，不然隧洞出事故那是不得了的。

当时伙食堂就负责板桥，包括指挥人员，都在我们食堂吃，没有其他食堂，那时候更不会有小灶。当时工地上男女都有，女的就负责铲土之类的，男的大部分负责推车。一般进洞的都是男的，女的就在外面做，外面还有条沟渠也在修。我们主要就是负责洞里面，一开始我在外面，在这里住着，后来他们把我抽调到里面管伙食，我才进去。当时分到你干什么就去干什么，分到你打风钻就去打风钻，分到你推车就去推车，都是分配好的。一般在食堂做饭的，都是生产队信任的，有些是队长，像李春泽（音译）当时是生产队的队长，抽了去一起煮饭。当时我管伙食，一个会计田泽兴，一个采买的霍世文，煮饭的四五个，他们兼打饭，分工明确，各干一行。当时很讲究政治，基本完工后我不想做就回来了，因为当时要结婚把手续交给他们就行了。我 1971 年回来，那年招小学教师，我就报名参加了，12 月份就去教书了。当时小学教师都属于集体，都叫生产队，属于集体给工分，庄稼也是集体干，然后根据工分分，有些分得多，有些分得很少。

口述人：张义财　男，1949 年生，曲靖市罗平县板桥镇沙湾村务农

采访时间：2018 年 8 月 6 日

一位姓郭的调到罗平当县委书记的时候，这个引水工程才正式上马。不同乡的任务不一样，打炮眼、抬石头、挑土、打隧道等。当时隧道主要由金鸡、品德两个村公所来打，之后是沟渠，一直修到板桥镇的品德村为止，一段一段地修。有的生产队条件好一点儿，买炸药，用炸药炸，条件差的生产队，一点点挖，没有什么机械化。打隧洞里面的石渣都是人工推出来的，倒掉再进去推，隧道长 1 公里，以前我在里面当过伙食员，伙食员就是买菜、煮饭给大家吃，闲着的时候我们从山的这边翻到山的那边。打隧洞就是测量好后两边同时打，人工打，那时像我家大儿子这代人都还没有出生。我是 1969 年结婚，结婚以后我们就来这里干了一年半，我在工地上是民工，也是生产队派来的，以前有文化的比较少，我就觉得干脆进来帮着搞个采买，做伙食，做了接近 9 个月。我们两个班都 80 多人，轮班负责做活，后来涵洞基本通了以后，就去做沟渠。沟渠就分给两个村子完成，金鸡负责的那段容易一点儿，我们负责的这一段工程量大一点儿。

这个地方以前也建过电站，当时思想比较落后，还在想：建个电站需要那么多民工？有的思想先进点儿的人说：将来白腊山要打通，就要让九龙河水灌溉到罗平坝子。县委书记是军队干部，有能力，脾气也暴，一般来说，工程方面，他需要找领导谈，民工哪里做不对，他直接批评人家，他那时也常下工地，有一个指挥部，在白蜡山旁的隧道。民工上工地后就

搭些工棚，盖上简易的油毛毡。像我们村子七八个人去，自己用一个手推车，从家里找些竿子，推到那里插好，油毛毡由指挥部提供，有些就割草来搭，不会冲垮，但是会漏雨。

吃饭就一人一个大碗，一勺菜，比较简单。如果遇到过节或者任务超额完成，大家有时会聚餐，约8个人，弄一个盆，打一盆菜，那时候，吃不起肉，来罗平县食品公司买猪血都要排队，今天买到了，明天就不能去买了，限量供应。肉，一个月吃两次，所有人生活水平都低，聚餐大家都很高兴，一桌一斤酒，这些酒都是供应的。那些年比较艰苦，以前有双解放鞋穿都是条件较好的人家，光脚占多数，在外面挖沟的，没有人穿鞋子，包括我们，穿件衣服，白天做活，下雨了把衣服包起来，雨停把衣服折了放好。因为只有一身衣服，穿脏了没换的。不知道其他地方怎样，我们一年发一尺七布票，根本不够买新衣服，买线都要票，那时国家比较落后，物资供应比较紧张。在工地上卫生还是比较讲究，刷牙的不多，但洗脸洗脚的比较多，如果洗澡就直接到龙王庙水库冲冲。那个年代的百姓听话，生产队派去干一天就10个工分。在工地上还要考勤，如果迟到，还要扣工分，生病请假一天都没有工分，吃饭还要从家里带粮去交，一人吃的粮要是不够，还得回家去拿来交，每月工人的粮食有定量。老百姓当时叫三七开，意思就是如果有一万斤粮食分给一个村子的人，人口占七成，其余三成按工分算，劳动力多，挣的工分多，就多分一点儿粮，如果哪年有自然灾害，工分少一点儿，又有些贪婪的人，那你粮食就少，就面临着吃不饱的问题。以前的粮食要上交国家，一是公粮，提供给军队，二是交生产队的粮，如果生产队丰产，可以提倡卖爱国粮，工程粮都是老百姓出。

白腊山引水工程上工的人比较多，消费的粮食也多，但食堂的粮食都是民工拿来的，菜要去罗平买，每天两顿饭，当时没有表，不知道具体时间，只看太阳。开工之前要喊口号：下定决心，不怕牺牲，排除万难，争取胜利。那时候多是文盲，没有人教，当时艰苦，修小路时，路边有五分钱一碗的凉粉，但没有人买，哪有那么多闲钱啊。做一天的活，挣一角七分钱，有的生产队一天有三角一分钱。在工地上干活，也有竞赛，就是把大家组织到一起看谁先做完，赢得比赛的会得到口头表扬。工地上有女员工，她们干的活比较轻松一些，不像年轻的小伙子，当时我已经结了婚，带着我老婆挖沟，住在卫生室旁边的工棚，每晚一人一碗玉米饭，一盆牛皮菜，偶尔从家里带点儿咸菜。现在的生活幸福了，倒没有以前那么好玩了，身体没有那么好了。以前罗平有个电影院，偶尔花一角钱看场电影，隔10多天，半个月，工地上也会放一场露天电影，做这个工程，对我们村是有利的，如果放在今天来干，估计几个月就可以完成。

羊昌河引水工程见闻①

羊昌河引水灌溉工程是新中国成立初期贵州省兴建的第一个灌溉田地在万亩以上的引水灌溉工程。该工程位于平坝城区东南约19公里，建有浆砌条石溢流坝1座，总干渠1条长9.16公里，东西干渠2条共长19.66公里，渠系建筑物600多座。1952年，省水利第一测量队着手对该工程进行测量。1954年，省水利局最终确定采用四道坝筑坝方案。同年，由省、地、县和平坝果树园艺场联合组成工程指挥部负责施工。工程于6月6日正式开工，1955年2月竣工，总投资77万元。1955年3月建立了羊昌河灌溉工程管理所。

口述人：刘灿华　男，1942年生，贵州省安顺市平坝区黄土桥村务农

采访时间：2018年4月6日

羊昌河灌溉工程修建时间是1954年，由国家把犯错误进行劳改的人运过来进行修建，这些人中有技术人员，有文化高的，有一个字不识的。从1954年开始修，一直修到1955年才完成。从我们这里到拦河坝，接近9公里，从水管所就分东干渠和西干渠，东干渠往东边有个河坝，西干渠从我们这边过去到平坝农场，整个面积可以灌溉几万亩。从1955年开始，国家修了个水管所，派老干部在这里管水。当时修的时候管得比较好，天天都有人在沟里巡查，看有没有人牵牛马在上面走。灌溉，虽然当时国家收水费，但是水费很低，一亩田大概收几块钱水费，从1954年到现在好多年了。在维修方面，原来全部是土坯，关键的地方用石头来弄，不关键的地方全是土坯，东干渠、西干渠全是土坯，一直往下到平坝农场。修好这个工程，当时放水的时候人山人海，很多人感觉很稀奇。国家那时候来修这么大的工程，在我们贵州算是第一件大事，贵州从来没有这么大的工程。前面9公里我们叫拦河坝，用水泥弄成大坝，有七八米高，再做一个闸门，

① 贵州省水利工程的介绍参见《贵州省志·水利志》和相关的市、州、县水利志。

涨水就把闸门提高，让河水往下面流，干旱的时候，泄洪关上，涨大水把泄洪打开不影响沟渠，所以这工程在我们这里受到了很多人欢迎。当时国家机械化水平低，从拦河坝一直到坝下面全部靠人工，不远处有一道用石头砌的小坝，有个大筒车，转起来抽水，近的田就有水，远处就没有，那时候大田坝用水很困难，国家修好这个工程以后这些传统取水工具就用不上了。

修这个工程的主要是劳改人员，那时候劳改人员全部是穿草鞋，用簸箕慢慢地挑上来的，后来用人工推的鸡公车。附近地里有土的地方，不管是哪家的，选到哪块地就挖哪一块，国家修这个工程，没有村民阻拦，土地都可以挖，现在有很多大塘，都是原来修沟渠挖的。上面全部是用大树枝做的大木棒，四个人提起一起打夯，打得很结实，不会漏水，如果还会漏水，说明技术不过关，两边还得使劲拉。两边沟渠的面是土质的，一边有 2 米多的宽度，两边合起来有 10 多米宽。

工地上有技术的工程师是负责设计的，普通民工和劳改人一样吃住，做活都差不多。不远处有一个阴沟，用石头、水泥砌的，还有渡槽，没有好的技术员修不成。修这个工程里面什么人都有，前面说了有民工、劳改队、犯人。村民当时疑惑水为什么会从那些地方冒出来，人家是测量好的，防洪管有一米多宽，一放水就有水冒出，水渠除了桥、渡槽，其他都是土制的，都是用黄泥做的，就地取材。我们这地方挖下去全是黄泥，黄泥黏性大，不容易垮，只要牛马不经常踩，自然就不漏水，挖个坑口倒水放，限制时间，五六十厘米就来验收，如果水漏干，就不合格，就要重新返工，所以这个工程质量很好。犯人住在大坡上，临时的房子，有专门的警察，白天有守犯人的，晚上有站岗的，管理上千人以上，挖的，挑的，到处都是人，修这个工程国家也出了很大的力，对犯人也是一个改造。我小时候经常去看修沟，不远就有涵洞，两边都有田，两边都要修涵洞，四四方方的，还有板插在上面，要水时就把板放上来，不要水就把板放下去。涵洞有大的、有小的，面积不同，国家当时派管水利的看涵洞打开、关上没有，国家派人下来有管理权、责任权，管理不好有批评。涵洞先紧前面的水坝来，前面的水坝满了，就往后退，有专人管理，原来生产队还没有管水员，到互助组以后有专门管水的，到高级社专门有个负责管水的一个组。整个村有 325 亩田，专人负责灌溉，这人一年按上等工资给他，水渠修好后村里专门有人管。10多年后沟渠换成石头的，石头对水的流通不畅通，容易漏水，后来过了几年，把原来石头全部打掉，用水泥石砌，原来没有水泥，都是土制的，现在全是用水泥，这个水利工程也是随着时代变化逐渐改善，对村子里的发展有好处，能保持粮食产量的增长，水稻不会被旱死。

口述人：刘树立 男，1932年生，贵州省安顺市平坝区黄土桥村，原乡长

采访时间：2018年4月6日

我先说这地方的大体情况，在修这个水利工程之前，这地方没有山，没有水塘，靠天下雨，有多少雨收多少谷子，没有雨人们就用水车从大河抽上来，白天晚上都在抽水，尽管这样，都无法栽秧。我们这里人力有限，那时候没有多少人，田多人少，比如，我们这个寨子，现在将近百户，但那个时候只有17户人家。当时17户人家，80多口人，12个劳动力，剩下的都是老人，现在400多人，田多人少劳力少，顾不过来，风调雨顺就丰收，假如天干就绝收，栽下去的秧全部死掉。那时候虽然是大田坝，但是吃苞谷，没有大米饭，水稻收成不行，所以说特别苦。新中国成立以后，为改变这个面貌，1953年开始测量，国家决定上马修这条水沟。当时来的基本是劳改的人，1953年到1954年修通大水渠，大水渠修通以后，老百姓的呼声难以想象，放水那一天，人山人海。开始修的时候，老百姓当然不懂，很多都是文盲，不懂水利知识，这些山怎么修过来，那水怎么淌进来，感觉还是挺惊奇的。那天可热闹了，有文艺会演，像我这么大的人，那时候都高兴得落泪了，心想共产党真好，一下子解决了我们的用水问题。

水渠修好以后，第一年开始就是一个大丰收，那是村上放的水，水一来，人们就像下大雨一样新鲜，那一年庄稼产量翻了一番。那个时候我是这地方的互助组组长，然后到1954年，办了4个初级社，土地入股，劳动人民都不可回想，所以那一年我们初级社庄稼产量翻了一番。当时我家是6口人，分得2000斤粮食，过去哪家收过这么多粮食。我记得原来那个劳改队长，专门修了个大厕所，10多方长，有个大坑，上厕所人太多了，年轻人卷起裤脚下去挑大粪，挑来种田，从那以后田地的面貌改变了。我们寨子过去流传，“有女不嫁黄土村”，为什么呢，因为这里天旱没水，粮食

产量低，老百姓不富裕。1954 年修水利变了，黄土村的名声也变了，不是不进黄土村，而是要来这个地方，吃上大米了。老百姓的面貌也改变了，从 1954 年以后，每一年我们寨子家家过年杀猪，老百姓从那以后生活就好了。所以当时老百姓感谢共产党，修那个沟渠有些老年人都掉泪了。

这个工程全是国家从省里面直接组织的，县里没有拿一草一木，由国家把劳改农场的犯人全部组织起来，省里直接组织施工，包括测绘人员、其他人员全部由省里直接安排。因为县里也很穷，技术人员有限，又从其他地方调过来的技术员，有些修完以后，就直接留在县里。从平坝来的技术人员都是为了修这条水利，修完水利就把他们留下来了，有的留在水管所管水，有的直接变为技术人员。一句话讲是省里的水利厅来负责工程指挥、技术指挥，公安的管理劳改人员，各司其职，县里没有沾边，老百姓没有惊动，他们统统住在野外，没有到老百姓家，全是省里面直接组织的。

工程需要的石头是从我们后面那座山开采，就地取材，一句话讲，工程在什么地方就在什么地方开采。有时要放炮开山，因为这地方是石坡，需要平整沟渠。这条工程路线长，先是从总干渠修起来，把总干渠修通就分区修支渠，分到哪里就搭工棚住在哪里。省里负责这个工程，人员、工具、技术省里全包了，总共投资 80 万元人民币，我记得水利修完我就出去工作，那时候工资才 13 块钱，当时 13 块钱很管用，5 角钱买一只老母鸡，那时候农产品很便宜，9 块钱都可以买差不多 10 斤的猪。劳改犯做活没有工资，劳改就是改造，但工地上的吃住也不会虐待他们。那个时候没有机械，全部是用人工打夯，沟渠全部用黄泥巴打起来的。只有过桥的地方才砌石块，其他都没有砌，全是泥巴，等国家经济好点儿，水泥供应比较充足了，沟渠里面就换成水泥了。

劳改队打坝的紧度不够，就要喊他们重来。每个工段有一个监测质量的技术员，质量把关非常严，这段打好了，技术员先看漏不漏水，还得再打，每次只打一层，一层一层地加起来。水渠修好之后，国家设有水管所专门负责管理，包括好多支渠都有人管理。修的时候都有闸门，不放水就把闸门放下去，闸门是木板，是用石头打的石槽，放下去，年日一久，大家都不用这东西了。原先这里旱田比较多，老百姓用水比较困难，这个引水工程修好后，大家都很高兴，田地里有水了，粮食产量翻了一番，没水就会绝收，除非低点儿的田，高一点儿的就没有，粮食不够吃。新中国成立后才改变了这种情况。原先这些大坝的田多数是地主的，农民需要租来种，收成好要加租，天旱绝收就减一点儿，老百姓账务越背越多。建水渠的时候土改已经完成了，正在合作化，大家热情很高，也非常拥护这个决定。

口述人：刘树政　男，1938 年生，贵州省安顺市平坝区黄土桥村务农

采访时间：2018 年 4 月 6 日

过去这个工程，修之前，整个坝都是干的，没有水，就算很宽的地方也没有水，1954 年开始修这个水渠，1955 年就通水。从通水到现在，田都改变成水田，现在根本没有旱田了。现在直到清明前后就会放水，农户开始修理田地，播种秧苗，直到农历七月二十日左右，就把水关了，过了年到 2 月又要放。这条沟的修建减轻了农户很多负担，过去没有抽水机，当时就用水车，两个人一起拉，从大河里翻水上来，一直运到粮种场。我们这一辈的老年人都不信这水能引进来，因为引水的地方离我们乡很远，有几十公里，后来工程修好才相信。修工程的人用簸箕挑，用背篓背，沟渠要修 40 厘米厚，一层层的泥土落上去，最后用圆木，4 个人打夯。负责工程的还要用锄头挖坑，倒上水，看水会不会漏下去，如果漏水，还得继续打，那时候质量要求高，打一层要验收一层。

当时修建沟渠还是有占老百姓的土地，那时候已经土改了，占有土地则是无条件的，比如，在这块土地里取泥，就直接挖，没有什么赔偿，要挖哪家都可以。当时老百姓的觉悟还是有的，虽然土地是个人的，但是翻身的农民对共产党非常拥护，他们对修这个引水工程也是非常赞同的。除了在地里挖土，没有侵占房屋，仅仅是占用土地而已。

工程完工后，放水典礼的时候，上面还放电影来庆祝，还邀请了唱戏的给大家演唱。水来之后，大家都跑到沟上看，觉得奇怪，水一来大家都高兴。每个地方都修一个涵洞，要用就把涵洞打开，不用就把涵洞堵死，那时候我们还小，后来成立了互助组，参加了生产队。沟修完以后就成立水管所，有专人来管理，具体安排什么任务是有规定的，那时候管理得特别好，连牛都不能从这上面过，如果发现你拉牛从水渠坝子上面走，要喊你拉回去从下面走。当然，因为条件所限制，工程修好之后，有塌方问题，由水管所所长向水利局反映，该维修该拿钱，上面就会拿，哪里塌方

就去维修哪里，该砌石头的砌石头。这个引水工程，刚建起来的时候由省里面直接管，后来下放到县，现在水管所是由县直接管。

我与盐井冲水库

盐井冲水库，是新中国成立后贵州省修建的第一座土坝水库，坝址位于修文县久长镇芦山村，距修文县城 21 公里。1954 年二、三月，贵州省农林厅水利厅农水总队勘测设计，省农林厅批准，由农林厅水利局、修文县政府、久长区公所、久长乡、清水乡政府的负责人共同组成“修文县盐井冲水库建筑委员会”。1954 年 4 月 2 日工程动工，8 月底工程完工。大坝为均质土坝，高 14 米，底宽 80.5 米，坝顶长 90 米，总库容 44 万立方米。水库蓄水后 1955 年即发挥了灌溉效益，曾灌溉上千亩稻田。这一水库的成功建设为全省兴建水库土坝做出了良好示范。

口述人：张应德　男，1925 年生，贵州省贵阳市修文县久长镇东屏村原支书

采访时间：2018 年 4 月 22 日

这个水库修的时候很早，大部分参与修建的人都去世了，我记得水库是 1953 年开始修建的，当时作为贵州第一个示范水库，由三个专区派民工来修。水库虽然不大，但是作为示范水库，省里和地区以及县里都十分重视。当时很多人都自愿参加这个水库的修建，每天做多少平方给多少钱也有规定。那时候一天一个工人做完有七角钱，县里面那几个水利局的科长来领导，1000 多人上工。当时机械化很低，就靠人工挑土、挖土、运土，那些来的工人用小推车推，农民就挑泥巴，抬石头。那时候还有人用小火车从 1 公里远的地方推石头来，这种相对比较省事。修这个水库房屋没有被占，就是占了一批良田，库底有 6 亩地被占了，那是村里的机动田，当时没有补偿，当然如果占了老百姓的田，就用机动田补偿他们。工地上也有妇女，当时妇女也解放了，但她们做不了很重的活，只能让这些妇女煮饭、买菜，供应早饭、午饭、晚饭，都是比较轻松的活，当然也有挖土和拉车的。

水库是土改后修的，由于是第一个示范性水库，村里很重视，省里面还来组织动员，进行宣讲，就讲毛主席关于水利的论述，说修水利是取之于民，用之于民，希望发动大家的积极性。水库修建完工，还是起了一定

的抗旱作用，起码天旱有水灌溉田地了。那时候土地改革刚完成，老百姓获得了土地，做得也比较积极，既为自己的土地有水灌溉，也认同我们党的水利政策。在老百姓参与之下这个水库很快就建好了，虽然当时没有什么经验，但这是第一个示范水库，质量还是不错的，上面也重视，既可以防洪，又可以抗旱，洪水来了可以减轻水患，灌溉农田，一举两得。当年我近 30 岁，现在我 90 多岁了，记忆力不好了，记不住多少了。

锅底河水库工地日常

水库今名兴西湖水库，建于 1956 年，是贵州第一座中型灌溉蓄水工程。水库距离兴义市约 7.5 公里。当时大坝为均质土坝，总库容 2560 万立方米，有效库容 2350 万立方米。1955 年由贵州省原水利局勘测设计处负责测量设计，1956 年 2 月完成设计，并开始动工，同年年底主要渠道工程基本竣工。1957 年 5 月大坝完工，坝高 30 米。1959 年，对大坝进行了第一次加高。1970—1973 年对大坝进行了第二次扩建加高。该水库目前是兴义市主要饮用水源之一，被称为“兴义人民的大水缸”。

口述人：唐明胜　男，1935 年生，贵州省兴义市坪东镇小店村务农

采访时间：2012 年 7 月 15 日

那时候刚解放不久，老百姓也分到土地了，修水库之前先进行测量设计，接着就开始号召建水库了。先做水库的底部，国家想了一个钻探的办法，先用高压钻探，钻几十米深，主要看看地质条件。周围的两座山都受到高压钻探的影响而颤动了。钻了一两个月，确定下地质条件如何，下面坚固不坚固，我们这边都是喀斯特地貌，有漏水风险，经过钻探设计和施工之后，省里面就批下来了，1955 年开始号召各乡、每个区安排人来修，成千上万的人参加。以前没有机械，用人工挑，挖土也是人工，现在都是大型机械了，那时候靠的是人海战术。为了减轻劳动力负担，政府还在这里修建了一条小铁路，有车轨的，上面有小车，民工用斗车运土运沙，还是比较省时间的。底层打结实了施工队就开始下一步工作，要开采石头、拉沙子、打坝。还有修建拱洞，拱洞有两米多高。接着建设一个闸门，闸门从外地运来，开关就在闸门上。1955 年下半年就基本上建成了，那时候没有现在这么高，现在加了两三尺，到 1956 年正式成功了。成功后施工队把渠道等又修建完，就差不多结束了，前前后后不到 2 年的时间，大体就

是这么个情况。

要知道我们这个地方荒凉，经常是水旱灾，尤其旱灾的时候缺水严重，粮食收成不好影响收入，导致生活困难，土地完全在坝里，而且被水淹没了，但是没有办法。我们都是由坝上搬下来的，主要是当时修水库占了我们的房屋。搬迁后的房屋是我们自己掏钱建，那时国家补助得少，就几十块钱，建不了房子。现在按人口，原来有几个人给几个人的钱，规定20年结清，按人口每人每年给600元，而且还有文件。当然，建设一个家庭不容易，所以说坚持几十年了，年青一代就不知道这些事情，我们就是这么艰苦走过来的。

这个水库是当时全省比较大的工程，以国家的名义号召组织，大家都要去，十七八岁的都有，各个地方都有。当时土地改革也完成了，农民分到土地，他们也愿意参加这些水利工程的修建，毕竟对他们是有好处的。各地民工来到这里先搭建工棚，从山上砍一些竹子、木头搭起来，比较简陋，不同地方的人住在一起，还有食堂，很简单。工地上也有女的，她们都是做轻松的活，有个别的男女关系不正常，这都严格禁止和管理的，作风很重要。工地安全也比较重视，但还是有受伤的，一般是用锄头挖土或者挑担不小心摔倒摔伤的，轻伤，不是重伤。没有死人的，就是受轻伤以后流血。工地上有一个简陋的卫生所，有西药和中药。主要还是中药，重伤的一般都是拉到县城里大医院，轻伤擦点儿药就行。工地上的石头完全由人工从不同的地方运过来，那个时候没有车，公路是最后修成的，都靠人工，两三个人抬一块石头，不容易啊。当然，偷懒耍滑的肯定有，但考勤要求是非常严格的，如果旷一天工，就没有工分，还要受到处分，另外，没有工分就分不到钱和粮食。水库修好后旱涝保收，老百姓生活用水也解决了，连电灯都是水坝修好以后国家安的。以前没有电，只能点煤油灯，水库修好后建设了电站，我们少数人吃苦，最后大家都享福，这个水库的修建我还是比较认同的。

口述人：朱国芬　女，1937年生，贵州省兴义市坪东镇小店村务农

采访时间：2018年4月29日

我当时才19岁，干重活肯定是不行的，去工地上就是用小簸箕挑泥巴，挑来放到加工泥巴的地方。工地上不同的队任务不同，大家都有分工。我们是挑泥巴的，挑一筐泥巴给发一颗籽，最后数籽有多少，按籽的

数量评工分。当时修水库没有机械化，全部靠人力，干活很辛苦，大家都想多挑一点儿，多得一点儿工分。有很多人来修这个水库，我记得广西那边都有人来，十五六岁也挑得动的，按月发钱。在工地上，我们住工棚里面，工棚很多，一个工棚有几十个人，工棚上面盖的是草，没有瓦，一般也不会漏雨，住的是大通铺，女的在一个工棚，男的在另一个工棚，生活互不干扰。因为人比较多，工期比较紧张，加上高强度的劳动，当时受伤的是在山上开采石头时伤到的，由指挥部安排去医院，领导会管的，工地上也有简陋的卫生室。做工的时候，我们分组干活，一般是几十个人一组，分工做，早上天亮就出门。

以前生活也不好，吃山药饭、洋芋饭，但是吃得饱，有时也会吃到肉，工地上有食堂，随添随吃。工地上也有谈恋爱的，其他地方也有过来玩的，男女对山歌，就是男的在一边，女的在另一边对山歌。晚上有时可以去看电影，看完就回去睡觉。当然，工地做活还是比较苦的，有不想做的，认为苦的，可以离开，当时不勉强。我们每个月都会发工资，按照工分评工资，十多块钱一个月。我们挑泥巴，挑一天下来，肩膀疼得很，晚上睡觉睡得很香。有时我们在工地上也会比赛，比谁做得好，谁做得多，提高积极性，做得多可以多得报酬。锅底河水库修起来，大家可以饮用里面的水，可以用水浇田、种田，旱涝保收基本没有问题了，粮食产量也增加了。

阿哈水库建设的回忆

阿哈水库位于贵阳市南明河的支流小车河上，属于乌江水系，因坝址处于花溪区金竹镇阿哈寨附近而得名。坝址以上控制集雨面积为 190 平方公里，距离贵阳市中心 8 公里。该工程于 1958 年 4 月着手设计，同年 8 月动工兴建，花溪抽调了各公社民工参加施工，并在 1960 年 6 月完成第一期工程。当时大坝为均质土坝，坝高最大 37.5 米，坝顶长为 133 米，坝顶高程为 1114.5 米，总库容为 7200 万立方米，有效库容 5420 万立方米，是贵阳最大的中型水库之一，该水库主要以城市供水、防洪灌溉为主。

口述人：王作芝　男，1938 年生，贵州省花溪区金竹镇竹林村务农

采访时间：2018 年 5 月 2 日

我们竹林寨也建了一个食堂，工人住在我们竹林寨，那时候没有工

棚，住在老百姓家里不用给钱，有些睡楼上，有些睡地上，是通铺。吃饭有食堂，个别做饭的是从贵阳调过来的，一天吃三顿饭，也能吃饱。那几年收成好，粮食丰收，他们吃的有米、有菜、有薯干和四季豆。干活辛苦，白天晚上都要上班，有些不想做的想跑也跑不掉，有些走了的被保卫科截住，主要是受不了工地上的劳动强度。那时候没有小四轮车，鸡公车是木料做的，我们用鸡公车来拉。小推车是我们自己发明的，没有胶带只有木轮，一个人拉、两个人推可以拉五六车土。这么多人做活，大家都注意安全，一般没有人受伤，工地上没有医院，但有两三位赤脚医生，背着药箱子给民工看病。工地的生活比较艰苦，为超额完成任务，有时大家也比赛，就是看谁拉得多，多的就有奖励，就是用纸剪成的旗子。

工地上的娱乐比较少，这么大的工程，做工都比较紧张，大家都累得不行，哪有心情搞娱乐呀，不过大家干活确实也挺乏味的。记得有时在鸭河寨放电影，在河边的平地上唱戏、演杂戏，这都是逢年过节的时候搞的。工地上不管刮风下雨，除非很大的雨，不然都要做活。除了男民工，工地上也有女的，女的外面来得多，我们很多都不认识，她们主要负责拉这些车，三个拉一部，和男的一起也有工分，一般男的是 10 分，女的是 8 分。我在工地里面拉车子、赶牛、拉石头，一趟拉一两千斤，如果用人拉这种重的车，要有三个人才能拉得动。当时还是有几辆牛车，牛有人专门喂，到上班时间就把牛拉去架起来拉石头。牛主要拉石头，不拉泥巴，因为石头重。拉石头是在沙眼桥这边，那些劳教的人员采石头，我们负责拉。工地上，我们住在坡角，两个男的得两间，一个男的得一间。修这个水库一是上工人数多，二是搬迁的人数和淹没的土地也较多，三是水库在修建的过程中好像有漏水，反正修这个水库问题挺多的，如果放在现在来修，全部机械化了，那就快得很。

口述人：王作义　男，1935 年生，贵州省花溪区金竹镇竹林村务农

采访时间：2018 年 5 月 2 日

我现在耳朵有点儿聋，听不到声音了，要大点儿声才好，年龄大了。记得那时候修水库我主要负责保卫，像我们在保卫科的时候都有工资的。保卫科工作相对轻松，不做活，主要就是背着枪到处巡查，看到工人瞌睡，喊起来快点儿去干活。我们保卫科里一共 12 个人，两个人巡查一个地方，当时年轻，感觉干保卫还挺风光。我们在工地一年多，水库修好之

后，我们就回家了。我原来住在竹林，现在被水库淹了，当时搬家修了两栋房子，一家得一小间。水库一淹就搬了，不搬不行。

修水库的时候，工地上有指挥部，他们主要是看图纸，安排任务，开会指挥一下工程的进度。工地上一共9600多人，没有机械化，都是采用人海战术。由于人多，管理还是比较困难的，尤其一些人半夜逃跑怕饿，就拿三四个馒头揣着跑。为什么逃跑，因为怕吃苦怕劳动，干不了重活，还有想回家。我们保卫科就专门在人经常走的关口拉截，当时想着把人喊回来就算了，教育面要扩大，打击面要缩小。工地上的进度还是比较快的，任务虽然分得比较清楚，但这么多人难免会有磕磕碰碰，当然工地上也有卫生室，如果有人受伤了就简单医治一下，涂涂药水就行，条件差些，就是这么个情况，我们这辈人就从那个年代苦过来的嘛。

花溪水库的记忆

工程坝址位于贵阳市花溪区，处于南明河上游的花溪河段，距离贵阳市区20公里，坝址以上控制集雨面积315平方公里。该水库属于“大跃进”时期贵阳上马修建的中型水库之一，由苏联专家设计，1958年7月开始动工，1959年7月大坝顺利完工，1960年年初开始蓄水且发挥效益，1962年6月开始发电。水库坝型为双支墩空腹大头坝，坝顶高程为1143.4米，最大坝高达49米，大坝正面题有“花溪水库”四个大字，总库容达2380万立方米，是兼具灌溉、发电、防洪和城市供水的中型水库。

口述人：班国良　男，1945年生，贵州省花溪区石板井村务农

采访时间：2018年5月6日

1957年下半年，当时的指挥长是水电局的，副指挥长是花溪区区长，叫罗万英（音译）。我当时年龄比较小，到处都没有工棚，于是我们到山上砍竹子，用竹子搭棚子，上面用的是草，没有油毛毡，有时候下雨还漏雨。冬天比较寒冷，大家都是通铺，有个睡觉的地方就不错了，白天在工地，也只有晚上在工棚里休息，气味不好闻，大家自行带着铺盖。这边的寨子住的是指挥部和机组连还有炮工班，炮工班就是专门放炮的，剩余的人都是住工棚里，还有对面木工磨板的。采石场在后面的寨子，沙料从惠水运一部分，另一部分是在对面的大坡上挖的。挖沙的是黔西大方的民工，贵州大学的学生把这里挖垮了，才移到对面去挖的。当时基本没有机

械，工地施工条件艰苦，只有三台搅拌机，两台卷扬机，其他全部是用人工。1958年是人最多的一年，可能达到一两千人，包括围寨和单州（音译）。当时采沙的有一个营，人不算多，也就是三四百。采石这里人也比较多，当时还有妇女连，有一些妇女来帮忙，不过她们有干劲，还有些带着吃奶的小孩来，把小孩背在后面，真不容易。工地上有一个采石营和采沙营，负责两个大料的主要供应。由人工运输到工地进行搅拌，当时还没通电，都是自己发电，发电站供搅拌机和坝上用，其他地方都是用蜡烛照亮，因为发电机小，供不上，其他连的办公部门也是点小蜡烛。

妇女连有一百多人，有几个妇女带上小孩一起干活，中间还喂奶，她们干的活相对比较轻松些，也是记工分的，不过这种体力活对她们来说不容易。我们吃饭没有食堂，以吃饱为原则，不同的连队有自己的食堂，工地上好几个伙食团，大家都是埋头苦干，没有什么报酬，那时候发扬共产主义风格，互相协作。再说我们是受益区，必须有义务出工，就是义务劳动，包括外面来的民工就是吃饭免费，都没有想到报酬这些。那时候工地上不允许谈恋爱，不像现在这样，都是自己谈的。我记得工地上也没有逃跑的现象，1959年以后，有一些愿意在的就继续在，不愿意在的就回家。有一部分人还去湄潭修水库，大概是1959年开工的，我家有一个姑妈，开始在这里过后又到湄潭去，她回来的时候国家开始缩小工业战线，支援农业第一线。1960年左右，那时候生活也比较困难，包括学生都全部回家了，国家让老百姓休养生息，一些工程慢慢停建或者缩减了。

口述人：班学玉　男，1933年生，贵州省贵阳市花溪区石板井村务农

采访时间：2018年5月6日

修建这个水库，那是人山人海，不同的地方都来支援，还有学生。地方远的来到这里要修建工棚，记得这一片都是工棚，工棚里住的都是工人，用大竹竿茅草来修的，上山再砍些树木就行了，很简单。民工住在工棚里条件很艰苦，大家打通铺，夏天还好些，冬天冷得很。工地上有维持秩序的保安队，主要负责治安管理，晚上巡逻，看管重要的公共设施。工地上年轻人多，有男民工、女民工，女民工在工地上做手工、凿石头、筛沙子等，她们工作相对轻松些。工地上对男女要求很严的，防止男民工和女民工之间谈恋爱，当时没有谈恋爱的情况，当然明着没有，暗着就不知道了。工地上每天吃三餐，早上吃稀饭和馒头，中午吃干的，生活基本上

可以，还是能吃得饱。我们是三班制干活，施工用斗车来运石头，从这边推到坝上，那边安有卷扬机，还安有轨道，这样能减轻人力负担，白天夜晚都干活。三班制不干不行，还有劳改人员来，公安负责维持秩序，怕年轻人乱来，不好管。年轻小伙干得多，他们住的是我们的房子，都不收钱，以前住的都是老房子，现在这个房子都是才修的，家家都住，我们就留一个房间自己住，其他都让他们住。

在工地上做工基本是没有什么钱的，大家都是根据做活计工分，按照工分进行分红。工地的劳动强度还是比较大的，有重活也有轻松活，当时受伤的人很少。几吨的石头运到后坡，让我们搬远些，有个姓侯的，一个人拉了一吨多石头，力气大得很。有专门爆破的小组，这里轰一下，那里炸一下，很危险的，当时工地上有一个医务所，医生每天背起药箱上工地去，小伤就擦点儿药，重伤的话一般就送到县城医院了。我们的房子当时拿给民工住也是免费的，大家生活互不干扰，都是为了国家建设。当时没有补贴，“大跃进”时期，大家互相支援，发扬共产主义风格。那时候工程质量还是有保障的，大家不会乱干，偷工减料是要被严惩的。刚开始的时候生活安排得很好，吃稀饭加馒头，你想吃榨菜也可以，看电影就是在工地上一个场地里，还会通知我们什么时候放电影。我当时在工地上也没干过什么重活，我们这里是一级水库，二级水库在松柏山，现在用来发电。当时因为我母亲的缘故，我才会回家来，不然还是要在工地上干一段时间的。

口述人：何元海　男，1935 年生，贵州省花溪区石板镇天鹅村务农

采访时间：2018 年 5 月 4 日

这个时间太久了，加上了解的也没有多少，有些知道有些也不知道，能讲多少就讲多少吧。我记得这个水库是 1958 年修建的，这个工程为全贵阳市的老百姓灌溉和生活用水，为花溪和贵阳的工农业用水都带来了好处，尤其干旱的时候能够缓解用水的困难，所以我们也没有什么意见，这是为大多数人的利益，乡村群众和牲畜都要用水，修水库当然好了。我们是一个村，那个时候不像现在是机械化，水库是靠人工慢慢修建的，到处都是人，不同地方的民工都调过来了。因为修花溪水库要的人多，石头要从山上拉上去，沙子也要从周围的那些坡上挖，可能你们也看到了，反正就是工程量很大，前后修了几年才完工。

当时修水库占用了一些土地，占用的地是有补偿的，赔偿的钱先划到区政府，建成了以后就把那笔赔偿钱拨下来，划到县里面，县里面就划到乡里面，这样一级一级地划下来。我们村当时不是受益区，我们属于搬迁村，修建水库占用了一些土地和房屋，刚开始比较匆忙，没有解决好。20世纪60年代初，国家才着手处理这个时期的移民和占地，当时虽然补偿了一些钱，但总体上还是没有彻底地解决。全区各地的人都来支援修这个水库，设立了一个指挥部进行指挥，指挥部下面还有各个小组负责日常的管理运行，民工也是按照军事化进行管理的，要求比较严格。民工只有饭吃没有工资，吃饭有食堂，也没有什么好菜。我们出去挖沟是记工分，一分三角钱一个工，然后用工分换粮食。工棚是用茅草盖的，也不会漏雨，就是铺床在地上直接睡，大通铺或者两人睡，女人们睡一间，卫生情况当然不会有现在好，我们这一代人苦。

口述人：于子筑　男，1944年生，贵州省花溪区党武乡松柏村务农

采访时间：2018年5月17日

1958年，每村每乡都参加水库的建设，当年我14岁，国家需要，没有办法，只好参与建设。修建花溪水库工资比较少，粮食有一定的补贴。当时是1958年，没有机械化，都是人工操作，靠的是人海战术，就只有一台搅拌机，放进沙子搅拌，碎石类的都靠人工凿，机械化的那时候就是翻斗车，而且都是用人工推，开凿碎石都去一个大坡上，人工用翻斗车把碎石运过去进行搅拌，一次可以搅拌三四车。工地上的民工比较多，工人都住在大围寨，工地就在附近，大家搭建一个简陋的工棚就行。我们也不熟悉附近环境，就是卖劳力干活。打夯都是人工进行，没有推土机，也没有压路机，弄一个硬邦邦的木墩，绑上绳子，八个人拉起来打夯。我在工地上就是出卖劳动力，什么都做，扛沙、抬泥巴、打碎石等，打碎石就是用小锤子一点点地开凿，碎石开凿出来主要是用来修建大坝。这个水库是1959年下半年建成的，大坝建成后我们又到安顺普定的水库进行修建，现如今普定电站已修建成功。我们还去普定进行隧道建设。建设花溪水库时，我们住在大围寨，都是私人的民宅，我们去住都不用给钱，因为1958年那会儿发扬共产主义风格，工作是三班制，24小时都有人上班，水库不能停工，晚上也要赶工，因为如果停工了，那些水泥凝固就无法使用了。

大家比较注意安全，但也有少部分人有伤亡，有伤亡都是送往花溪医

院。工地上也就只有刮破皮、伤风感冒可以开药，大病无法治疗，必须送往花溪医院。当时工地上也配备安全员，安全员的主要工作职责是防止外来人员进入施工现场，防止外人打扰到工人们的工作，另外也要保护其安全。例如，哪里不符合要求，需要修整的时候就不允许外来人进入，因为如果施工出现问题也得负责。与现在的安全员工作类似，只是现在都是机械化工作，很少有人工。以前都是人工多，机械化少，下雨也得赶工，不可以停工，包括过年期间都是轮流工作。吃饭有伙食团，伙食对于当时工作的人来说基本上够吃，能吃饱，主要是吃大米。1958 年是以大炼钢铁为主，农村没有人耕作粮食。粮食烂在土里都无人去管，无人去收，都是走到哪儿，吃到哪儿，不用付钱。在哪儿都可以生活，农民就不可以自给自足了，我们都是去党武村吃饭。食堂一个星期开一次荤，吃肉、喝酒，平时就是吃些蔬菜。连队上的猪肉都是用钱买的，普定工地才有人喂牲畜。

当时水库建设工程浩大，有专门的指挥部，指挥部下就是连队与分队，还有一排、二排，各排工作内容分工明确。在工地上什么工作都做过，开凿碎石，抬碎石、挖泥土、打夯、搅混凝土。打夯是八个人一起打，两个人一边，用人工拉起绳子，再打下来，喊着号子一起用力。夯下面是用铁包上的，作用是打下去泥巴不会粘在上面，如果用木就打不紧。当时工作很辛苦，但是也有看过电影，轮班去看，白天夜班一个星期换一次，上白班的就晚上去看电影，例如，我这星期上白班，下星期就上夜班，就只有上白班的晚上可以看电影，如果你是上夜班，晚上就不能看了。工作辛苦，看看电影娱乐放松一下，也没有其他娱乐活动。那时即使工作辛苦也没有人逃跑，因为都是自愿出来参加工作的，但是有偷懒的，例如，假装去上厕所，一去就是十几分钟。工地上男女都有，妇女的工作也是挖泥巴、开凿碎石，工资也是一样的。当时也没有政治学习，但是会给我们开会，一般 3~5 天开一次会，讨论工作上的事，动员大家积极工作，和我们在一起的人很多，我们党武乡就是一个连队。党武乡有几百人，当年参与水库的建设是为人民服务，为人民生活劳作带来水源，自己有用处，国家才会用到你。我们这一代人是苦过来的，年轻就开始干活，干了多少年，修水库、修沟渠、搞大生产、搞基建等，还是现在好，没有那么劳累就能填饱肚子。

难忘湄江水库的建设

湄江水库原名凉风洞水库，距离湄潭县城约32公里。该工程于1958年兴建，总库容2125万立方米，有效库容1100万立方米，坝高34米，为浆砌石溢流重力坝，干支渠长220公里，其中干渠3条，长80公里。1958年3月，由湄潭县负责组织施工，1959年12月大坝基本建成，1960年开始蓄水，后因为国家缩短水利战线，缓建。1963年开始复工，由省水电厅农水局第二工程处承担渠系及坝后电站施工，1965年建成。作为当年砌石坝的典型代表，其模型曾在1958年8月召开的全国中型水利水电工程经验交流会上展出。

口述人：刘必书　男，1939年生，贵州省湄潭县湄江湖村岩脚组务农

采访时间：2018年3月31日

对于这个水库，我实事求是地说，当时我才18岁，开始就是规划设计，1958年左右开始动工修。当时高级社到各个村去抽调劳动力，由高级社出钱及提供粮食、生活用品、劳动工具，对于我来说，这些都是集体的，而我自己要带被子、基本的口粮、锄头。当时去工地后就让我开凿石头，情况特别艰难，差不多持续了3个月，由于石头坚固，设备不够，大家都是人工开凿石头，条件艰苦得很，哪有什么机械化。后来，赶上一年一度的卫生员评选，我担任了卫生员和保管员，当时要用炮来轰炸石头，我就带头去领取火药。工地是有组织的，设有指挥部，下面有指挥长、副指挥长、会计、安全员、采购员等，还有连长、排长、班长，作为指挥长，责任特别重大，对内要监管好工人们的工作及安全问题，对外有时过路人和围观者比较多，还要顾及他们的安全问题。在工地上待了3个月后，我被调去了总指挥部。当时我们村有一个姓楚的医生，他家有两三个人也在指挥部工作，于是把我调去了指挥部所属的医院。1959年9月，又把我们调去另外一个水库，我们去的人包括炊事员、会计、团长、连长、放炮员、开凿石头的及干杂活的农民等，之后又返回来了，修湄江水库的工作证现在都还在。

回到湄江水库的话题，当时安全问题最重要，工地上有专门的安全员负责监督和宣讲安全知识，这块抓得很紧。工地条件艰苦，连水泥都不够用，我们要去指挥部杨家坪自己烧制土水泥，对于水坝的质量，我们非常

认真，都是用水把修建水坝的石头冲洗干净，因为水源来自遵义的绥阳，会有泥沙。有一个姓严的，他就是因为石头质量的事，被判了几年的刑。我们贵州省，第一是猫跳河，第二是湄江水库，这样一来1958年过后由湄潭、凤冈、余庆三个县合作，一起修建，第一批工程才算结束。第一次完成是看得见的，它有印迹，工期也非常紧，记得那天是腊月三十，非要完成不可，各做各的，每个工程都在做，完成才能回家过年。那个时候，任务比较紧，对我来说回忆大概就是这样。还有就是晚上照着汽油灯都要加班加点，所以这个工程的质量不用说。

工地上的补贴由高级社自己出，我们只是带基本粮，一直没有什么钱，我们修水库完全是不谈钱的。当时"大跃进"，有一段时间就是我们自己带基本口粮（家里面分的基本口粮），大概过了大半年，就由国家供应，都是吃的糙米。新中国刚成立的时候县长就来了我们这里，他是山东人，水库上马以来，他就在杨家坪负责工程。当时修建水库的全是老百姓！有问题的干部就要被罚，记得管理财务的杨会计，贪污了几分钱就被下岗了，然后加入我们一起干活。当时我们住在老百姓家，生活互不干扰。指挥部有工棚，我们自己弄些茅草盖，搭土墙，用木棍做房梁，被子都是从家里带过来，搭建个简易的工棚，大家睡通铺，比较简陋，能遮风挡雨就不错了。

当时工地干活，天一亮就要起来，要吹哨子，我记得我们的一个连长张明德（音译），新中国成立后他就是当地的法官，最后犯了一点儿错误，就叫他来指挥部，当一个中队的中队长。那个时候都是军事化管理，还要分班、排连，我的领章都还在，还有一个指导员，姓张，好像是高台那里的，他以前好像是县里面哪个科的科长。

安全工作很重要，当时湄江水库受伤的人不多，才十几个，其他地方就多得很。我记得有一个老师傅，打石头的，刘局长对他说放炮不安全，让他不要去，他说不怕，他能挡得住，结果还是受伤了。工地上的劳动强度大，要赶工期，也要超额完成任务，个别人就受不了，有的还逃跑了，这种人就会被扣工分，抓住就会对他进行思想教育乃至惩罚。但大多数人还是比较老实，不会出现偷懒耍滑，也都能按时完成规定的任务。

对于娱乐问题，我记得遵义有人下来慰问我们，在指挥部，贵阳也有人下来给我们放电影，唱京剧、川剧，如果我们收工较早，干得好，任务完成快，我们还有表彰大会，发奖状，全是精神奖励，没有奖金。对于工具改革，我记得滑槽就是冯大华发明的，把石头绑在上面，一下子就下去了，减轻了劳动力。那个时候研究工具改革，主要是减轻劳动力，提高效率。

我们也要检查安全，我记得有一个早上我们检查安全，就在水坝上面，全工地的都要来，恰好火药嘣的一声爆了。我都还记得有两个孩子十四五岁，有一个抬钢钎的受伤重一点儿，烧起来脸上完全看不到了，打锤的那个没受伤。队长还嫌我跑慢了，现在叫我跑也跑不动了。对于移民问题，湄江水库开始修的时候，人民公社没有说是谁的土地，没有说这是张三的土地还是李四的土地，也没说是高级社的土地，反正就是淹了，该搬迁就搬迁。水库建好后由水管所管理，结束以后，把沟道疏通了，还制有水管证。我们这些民工，没有指标，但是没有调走的还是安排了一部分。比如，现在隔壁一家就有一个人在湄潭水管所，他就是修水库安排的。我如果说不去遵义，湄江水库完成后我应该也可以安排。

工地上不分男女，妇女也有，从凤冈那里来的。我记得有个唐子云（音译），她喊号子，有些老石匠师傅都喊不出来。女同志做的活比较轻松，她们一天能挣 8 分，男的是 10 分。当时大家都在食堂吃饭，当官的也是，就像指挥长，当兵出身，凶得不得了，北方人，他还不是照样去食堂吃饭，不搞特殊化。妇女也是一样，在哪个连队就在哪个连队吃。工地上禁止谈恋爱，如果被发现就完了，要受到处分的，那时候的人相对还是传统些。

征战桂家湖水库

该工程于 1958 年兴建，由黔南州水电局规划、设计，主坝为黏土斜墙堆石坝，高 20 米，总库容 1835 万立方米，有效库容 1740 万立方米，干支渠共长 65 公里。1958 年由镇宁县组织民工负责施工，1961 年因国家缩短基建战线而停工，后由省水利设计院完成了修改设计，并在 1965 年由省水利厅工程局复工建设，1966 年黏土斜墙和南北干渠建成。该工程修建之前，灌区粮食亩产大约为 200 公斤，水库建成后，1984 年平均单产达到了 390 公斤，是兼具防洪、灌溉和饮用水一体的中型蓄水工程。

口述人：伍克高 男，1938 年生，贵州省镇宁县丁旗镇洞口村务农

采访时间：2018 年 4 月 23 日

1958 年下半年就开始修桂家湖水库。之前我们这里遇到干旱，庄稼产量很低，老百姓要跑很远去挑水。这个水库当时上马的时候，老百姓也是支持的，各公社都派人参加了。我原来是打石头的，拱坝石头是我打的，就是把石头打成四四方方的，用于筑坝。工地上是有组织的，设有指挥部，下设不同的科，一个班、一个排、一个连，一个连有 8 个排。吃的是大锅饭，一天就半斤粮食，菜是野菜，不是白菜，还是能吃饱。当时一天还能吃三餐，不过油水很少，只有吃的菜油。那个时候年轻，只要肚子吃得下就能吃下去。我们当时就住在大坝下边的工棚里，就是砍些树木草枝搭建起来的，棚子长长的，能住七八个人，记得开始搭建了 9 间。工地有时也有娱乐活动，我们原来还放电影、唱京剧，当然这是工作不紧张的时候或者逢年过节时。当时没有机械化，都是人工，原来大坝的石头，开始是用牛拉车，最后用竹子编筐来运，一个星期都运不到多少，太慢了，不像现在都是拖拉机。

工地分工还是比较细致的，有打炮眼的、有拉石头的、有打石头的、有挖泥巴的、有挑土的等，还有保卫科和医务室。如果受伤了就去找医生开点儿药，一个连有三个卫生员，一周一周来。这些卫生员大都经过简单培训，懂点儿医学常识，当然也有有经验的老医生，不过大都是年轻的医生，工地人多，路也崎岖不平，有时还加班，年轻医生精力充沛，体力好。工地上也有妇女参加，很多都是没有结婚的姑娘，她们干劲也大，丝毫不亚于男劳力，有时还和男的比赛。当然，工地也有食堂，一般一个连一个食堂，有专人负责做饭和采购，伙食一般，卫生员和我们不是一个食堂。他们和指挥部的人在另外一个食堂，是单独的。这个工程当时淹没了一些土地，我们有 10 个村，只有我们村在高坡，其他很多村寨的土地都被淹没了，因为任务紧急，基本简单处理了一下，后面政府给了一些补贴，现在搬到这里的移民主要副业就是养牛、喂猪。

口述人：伍仁和 男，1942 年生，贵州省镇宁县丁旗镇洞口村务农

采访时间：2018 年 4 月 23 日

刚开始我们还在读书的时候，县里派了个姓周的负责测量，住在我姑妈家，我们还经常和他聊天，说是要修水库，第二年就开始了。因为当时

工人不够，需要去附近生产队抽调。修水库淹没了一些土地，当时没有解决这些问题，后来修到一半就停了。1958 年又来修第二次，这时人就多了。整个县每个区、每个公社都组织有连、有排、有团，采取军事化管理，非常严格。修水库自己带粮食去吃，一个月一个人得几块钱。我父亲也去修了，伍克高也参加了，你们可以采访他。那时候修这个地方，把电灯、电杆也通了，白天黑夜都用牛拉车，牛都拉死了好几头。

第三次是省水电厅组织修建的，工人也都是水电组织的，修建了第三次基本上完成了。就是搞闸门试水的时候，把大家的水稻都冲了。我还记得清楚，大家说，把老百姓的水稻都冲了，今年大家的生活怎么办？不知道怎么的，就起冲突了，说是要打架。后来通过打官司，赔了几万块。那时候挺辛苦的，国家辛苦，人也辛苦。现在贵阳、安顺、镇宁吃水都靠这个水库。你说这么一个寨子几百人口的田地，水库供了这么多人的水，贡献还是大的。

口述人：夏洪尧　男，1940 年生，贵州省镇宁县丁旗镇桂家村务农

采访时间：2018 年 4 月 23 日

我现在记忆力不太好，要慢慢想才能想起来了，这个工程是 1957 年开始动工，1958 年正式修，管理是军事化，有连、有排、有班，集体吃，集体住，哪一个区住哪一个地方都是提前安排好的，搭建个工棚。原来没有机械化，主要是人工打炮，人工搬起炸药放在里面，其他的劳动也都是人工。石头都是用牛拉，用滑板，两边弄一个槽，把黄泥巴放进去，边拖边洒水，从对面的小山坡拖来，那几个山每个山里都有人，一个大队也好，一个区也好，都是以公社为主，一个公社在一个地方，负责不同的任务。这个坝反复修了好几次，最后这一次不知道是哪年，我记不清楚了。那个时候简单，又不发工资，生产队让你去你必须去，不去就没有饭吃，一天到晚都是干活，该吃饭的时候就吃饭。做工要记工分，由生产队来记工分，全部是尽义务，没有工资，都是拿工分，完成任务后男的记 10 分，女的就是 8 分。住的是工棚，就在坡上搭的那些棚，割点儿草来搭，就这样住里面，大家打通铺睡觉，夏天臭烘烘的，冬天就冷飕飕的。我们是从水库底下搬上来的，当时我们属于淹没区，因为任务紧急，还等不到搬家，就把拆来的木料抬过去修那个坝。我们搬过来又没有什么补助，后来国家帮助建房子，给了一些补贴，住的房子，人多的得一整间，人少的得半

间，我和老伴还有母亲三个人一起住。一个人给分了几分地，没有淹的地也将就去种，只是没有赔偿。

附廓水库燃激情

附廓水库位于黔西县城西北约 15 公里，1958 年兴建，总库容 1190 万立方米，有效库容 1100 万立方米，大坝为砌石溢流形重力坝，高 27.7 米，干支渠全长 148.55 公里，设计灌溉面积 4.1 万亩。该水库由省水利局负责完成设计，1958 年 2 月由黔西县负责组织民工施工，同年 10 月大坝建成，1959 年春开始蓄水，1960 年发现大坝漏水严重，由省水利设计院先后完成加固扩建工程设计和扩大初步设计，并由省水电厅农水局第三工程处进行大坝上游面混凝土防渗、坝体坝身灌浆等防渗处理。

口述人：胡发顺　男，1944 年生，贵州省黔西县城关镇清毕路务农

采访时间：2018 年 4 月 14 日

我记得这个工程是 1957 年开工，1958 年正式修，是大集体，一个区作为一个队，队长喊着去，一个区住在一起，扛着大红旗四处去背水泥用来填埋水坝，要想办法在水坝开端的下面打一个洞，然后把水排出去才能将这个坝压实了。1958 年基本就建成了，当时我才十四五岁。后来，到了 1962 年的上半年，成立了一个水管所。我在部队上待了 6 年，1968 年 3 月回来的，回来后安排我来负责电站和这个水库的管理。

我在水管所管了 18 年，后来才被调来水电局。我是 1958 年 7 月 14 日就从林泉（地名）来跟着一起背泥土了，工地条件艰苦，生活上又困难，大家穿草鞋，背着背篼，带上簸箕，全部都是人力来做，靠的是人海战术。我们一天两顿饭都吃不饱。尤其是 1959 年，我们住的农民的房子，没有给钱，那是集体的工程，有好多人一起住，一间房子要住几个，不能影响主人家，房子宽打地铺，盖的是草秧打的被子，大冬天冷得很。一停下来休息，大家就一起捡柴烧火，生活上很苦，不像现在，当时全指挥部 11 个区域，一共 7000 多人。一个区一个队，县长当指挥长，把工地任务安排好。有时还比赛抢红旗，哪个区完成的进度快就得红旗。工地也组织劳动比赛，都是年轻人。工地上男的女的都有，大家还是分工的，女工就挖土，然后让男工背上去，她们做不了重活，就做一些轻便的工作，这些女工干的活丝毫不亚于男劳力的。当然修工程危险还是有的，安全工作的活

有专人负责，也有一些安全措施如监督施工、宣传教育等，主要是防止出现安全问题，当然也有因放炮被打死的，指挥部就会安排埋了，给些丧葬费，整体的情况也就这么回事，年龄大了，很多记不住了。

口述人：史洪全　男，1937 年生，贵州省黔西县洪水乡附廓村务农

采访时间：2018 年 4 月 14 日

说起附廓水库，修这个水库的很多人都去世了，我也 80 多岁了，记性不行了。我是炮手，主要负责放炮，也打过炮眼，打炮眼一般一尺五深或者打两尺，放上炸药，用纸线做捻子，一般一次放十几炮或几十炮，就在水坝的坡上面放。当时做这些只给工分和吃的，没有工资，主要是义务，等于是生产队安排去的，不去不行。工地上有个伙食团，自己带着粮食然后交上去，拿着什么东西去打饭的都有，有时候下雨，人多，直接就蹲在厕所附近吃，也不在乎臭不臭了。工地有个指挥部，领导们经常在指挥部里开会布置任务，有时候我们早早起来要做操，检查炮眼，等等，之后民工就开始上班了。记得有一次放炮，有一个炮没有响，然后我们这边有一个人去抠，一抠炮就炸了，很危险的。工地上也有卫生室，但很简陋，基本就是擦伤、感冒等能治疗，其他不行，所以安全很重要。在那个比较紧张的氛围下，大家还是以工程进度为主。

我们这一代人做事做活没有一分钱，只能简单填饱肚皮，苦得很啊，冬天就是结冰了冒着严寒也要做的，早上早早就起来了，中午吃饭时休息下，然后上班，中间一般不会休息了。每天都是这样重复的劳动，有的民工熬不住了就逃跑。当然，我放炮要轻松些，用现在的话说是技术工种，干革命不分高低贵贱，分工不同，工地上有挖土方的，有抬石头的，有打炮眼的，等等，大家任务不一样。有时候班与班之间、不同连队之间进行比赛，看谁挖的土方多，每天挖多少土方是有规定的。得第一名的就发点儿东西，有奖品，比如，水杯、洗脸的毛巾等，不可能发钱的，我们那时候觉悟高啊，精神奖励比物质奖励更重要。有时候也会放假，尤其雨雪天气干不了活就休息，我们就洗洗衣服，打扫下卫生，娱乐放松一下，很多民工是住在附近老百姓家里的，也不会影响到主人家的日常生活。我们当时都是年轻的小伙子，二十岁左右，有干劲也有精力，当然那时候不像现在工业发达，主要靠人海战术，工地上有上万人，很苦很累的。民工一般也不会偷懒，实在累了就做活慢一点儿。伙食团有人当事务长，安排做

菜、做饭等，基本能吃得饱。

口述人：史良义 男，1946年生，贵州省黔西县洪水乡附廓村大堰组务农

采访时间：2018年4月14日

当年修水库的时候，领导问老百姓修这个水库好不好，大家都说好，然后经过规划设计就上马动工了。修这个水坝的时候，我也十几岁了。当时我们地方修这个水库要吃亏些，不过我爸说虽然吃亏些，但这都是为大众服务，等于是发展，是为老百姓好。说起搬迁，当时开始修的时候我们还没有搬迁，到后来水坝的水涨起来后，来不及搬，就随便把东西拿到其他地方了，很匆忙。如果你家有亲戚，不管在哪个县、哪个省，都可以搬过去，给你协调，没有亲戚的，就给你找个地方搬迁，而不是逼着你去找个地方住，政策还是很好的。记得有一位姓李的县长，还来这里查看过搬迁的情况。我家住在坡下面，是从下面搬迁上来的，上面原来是修起来的烂草房，现在是瓦房了。我爸思想较为开明，他说搬到哪里都可以，不是为大众，也不是为你一个人，还要为后代人口的发展考虑，搬迁对我们家是有好处的。实际上这个水坝修起来对我们这里发展是非常好的，现在很多地方都用这里的水，包括灌溉用水、饮用水。

修这个水库淹了100多亩耕田，淹的土地也没有什么补贴，主要是有移民的地方给一些补偿盖房子用。修大坝的时候，外地的民工住在我们寨子上，住我们家的也有几个人，他们早出晚归，并不影响我们的正常生活，基本就睡觉休息的时候能看到他们，很规矩的，也没有偷东西的现象，工地管得很严。他们的伙食并不是很好，基本上没有什么肉，也就一些主食和蔬菜野菜。那时候不像现在生活水平好，当时也没有工资，就是大家去劳动干活挣工分，干一天活有多少工分，然后回去分粮食分钱，就是这么回事。当然，干活的条件也比较艰苦，全部都是人工，没有机械，所以工地上人山人海，炸药、雷管都很少。工地上有厕所，不过有些民工并不是那么自觉，很多时候随地就解决了。当然也有伤亡的情况，有时我会到工地上捡粪，记得有一次在捡粪的过程中看到工地一个地方轰的一声垮下去了，当场死了好多人，很遗憾也很可怕。现在来看修这个水库是有好处的，老百姓吃水用水和农田用水都解决了，不过那时候修是苦了些，现在机械化十天半个月就建成了。

奋战围山湖水库

该工程位于兴义市东北部，据市区约43公里，1958年兴建，大坝为均质土坝，高22.5米，总库容1350万立方米，有效库容1300万立方米，干渠2条，支渠14条，总长度92.3公里。当时设计灌溉面积为4.2万亩。水库先后由省、县及省、地水利局进行规划、设计，1958年由兴义县、区组织民工进行施工，1960年坝高达到15.2米的时候蓄水为500余万立方米，即开始受益。1970年和1971年先后两次对土坝进行加高。本工程第一次兴建时正处于“大跃进”，是在“边设计、边施工、边受益”的情况下建起来的。

口述人：朗登学　男，1939年生，贵州省兴义市万屯镇阿红村务农

采访时间：2018年4月30日

我年龄大了，许多时间记不清楚，我记得这个水库是1958年10月1日开始修的，以前是很多人一起修，搞人海战术，好几个公社都派人参加，不同地方共同协作，不然根本修不起来。那是个艰苦的年代，国家穷，政府也穷，大队更穷，大家都凑在一起，各个公社一起修，挑石头，完全是用人力。那个时候粮食很困难，供应比较紧张，大家基本上都吃不饱饭，都是吃苞谷饭，没吃过米和面，苞谷的糠（也就是稻子和苞谷的壳）很硬，嚼得牙齿都刺刺响。早上上工的时间很早，要上到差不多9点才能吃早饭，去吃早饭的时候我有些苦恼，因为有些人有点儿挑食，就是说他不喜欢这个菜或者那个饭，不过挑食的毕竟少数，那个时候真的很困难，有的吃就不错了，不能挑三拣四的。下午要到七八点才能吃饭，早上5点一过就要上班，后来有个领导派了一个人过来监督我们干活。

我是扛泥巴干苦工，原本有八个人，跑得就剩下两三个人，记得上面有一块地，我们自己开荒，自己种吃的，种点儿苞谷，插点儿旱秧，那时候是8元钱一个月，后来县级管就是22元钱，继续申请，最后是35元。上班时间像赶场一样，几千人，主要是打夯，条件艰苦得很。民工刚开始是住老百姓的房子，后来是搭工棚住，在山上砍树木和竹子自己盖。我的一只手被轧断了，那时医疗条件差，就慢慢养伤了。工地上哪有什么机械化，先是人挑人背，后来是用马、牛等去拉，泥巴的质量要好，里面有小石头的不要，要不然会漏水，需要返工。工地上也有妇女，她们做的活轻

松些，有专门的妇女去管理她们，有时为了放松，我们工地上也有娱乐活动，跳舞、看电影等，不过很少。

口述人：陆伦波 男，1945 年生，贵州省兴义市万镇屯阿红村务农

采访时间：2018 年 4 月 30 日

修建围山湖水库，我们这里主要涉及搬迁，因为这个水库在当时淹没了一些房屋和耕地，需要动员群众支持他们的工作，不过并没有给我们搬家通知，也没有做过寨子的动员工作，是那种强制性的搬迁。当时工程上马的任务比较急，我们没有得到什么待遇、补助，要支援国家建设，那时觉悟高，不像现在还要赔偿。当时生活条件确实是有限的，吃的是伙食堂，一天两顿饭，甚至有时候还要煮野菜充饥，搬去其他亲戚朋友家，搬去洪水无法淹到的地方，或投亲靠友，或自己修建简陋的房子。我们的房子拿来给修水库的这些民工暂住，等修好后，水过来也就淹没了。从前修这种水库，用的都是土办法，不像现在用机械，所谓人海战术便是如此，民工都是找些三轮车、木轮车和鸡公车来拉，那么大的石头都是人工背上去的，土也是人工挑的，男男女女都有，红旗招展，看起来比较热闹。

至于移民，原来讲的是按最初人口有多少就补多少，但是现在有些老人过世了，又不给了，一年有 600 元钱。安全问题基本上还可以，工地还是比较注意的，经常广播和宣传。当时修这个水库，没有什么补助，都是当地人自己修，没有什么外地人来支持。至于这个水库的作用，受益区当然有好处，田地有水了，能提高粮食产量了，但水库放水有时间限制，并且放的水大了一不注意就冲坏秧田了，放小了秧田又得不到水，放水是要收水费的。围山湖周围村寨家里普遍都有老人，没有充足劳力，要拆房子，要搬家，生活标准又低，像我们这种读书的，一搬家就倾家荡产，又找不到个可以安家的地方。我们的土地还有几百亩没有解决，那些负责的都去世了。我们搬家的时候，吃了很多苦啊，有些干部来看望，我们有多少粮食他们都知道。当时搬家有点儿家底的都知道，第一步是去亲戚家住，长久住肯定不是办法，终究还是要自己有个家。

口述人：杨昌进 男，1946 年生，贵州省兴义市万屯镇阿红村务农

采访时间：2018 年 4 月 30 日

实际上围山湖在 1957 年的时候就开始搬迁了，当时不叫围山湖，那时森林覆盖特别好，在开始修水库的时候，前期不分各个公社，抽调工人出

来修建水库，就人工干，人背马驮，缺少机械化，很不容易。修了水库以后，特别是当地移民搬迁，森林也被破坏得很多，有的山光秃秃了。水库修好以后，加了两次坝，群众的土地不同程度遭受了损失，国家体制政策也跟不上，所以说移民损失就要大一些，很多人没有得到补贴。我只知道2006年6月30日止，当时水库搬迁移民每人享受一年600块钱，也就是一个月50多块钱，一个季度去领一次，这个政策是好事。群众损失这么多年也都过来了，政策也好了，温饱问题也算是解决了。当时移民搬迁要找地方接收，接收移民也是没办法，不接收就违反政策，接收就会引起当地民众的不满，因为接收群众要划土地给移民，他们也要生存和生活，所以产生了一些风波。全靠当地政府和我们村里面制定政策，介绍一些细致问题，也给大家耐心细致地做宣传，才解决了这些顾虑，不过我们还是与当地民众有很长时间存在隔阂。

现在水库成为饮用水源地，产生了一批生态移民，为了水库周围绿化，动员了一百三十几户群众搬迁，现在人也已经搬迁了，土地在红线之内的，政府这边用补贴的方式，900元一亩，人民群众也比较接受，搬走的群众，这些年温饱也解决了。当时工地干活的民工比较艰难，那时都是用工分算的，干多少活记多少工分，完成任务才能拿工分分粮食，生产队会根据工分多少分粮食给这些移民，还有修建水库的民工，大部分都不在了。有时候想起，当时没有他们的付出，我们今天的人民群众就没有这个好日子。特别是这几年生产受到了重视，经济上来了，而且土地到户的时候还是传统的耕作方式。种田放水，都是为了有点儿饭吃，如今有水灌溉了，能吃饱了，大家幸福了，老百姓高兴了。修建这个水库，不单单是我们村，大坝以下以及周围的村寨，他们种田吃饭全是靠水灌溉，如今能有充足的水源保障，对他们来说是受益的。总体上说，我们这边主要是移民，特别是我们移民群众付出了很大的代价，今天来看我们的付出也是值得的。

口述人：杨清华　男，1946年生，贵州省兴义市万屯镇阿红村务农

采访时间：2018年4月30日

我叫杨清华，从围山湖库底搬迁出去的。1958年开始修水库，这个水库侵占了我们的房屋，我们听从国家号召，就搬出来了。技术员很早就进行了测量，确定库址后我们就着手搬迁。当时国家财政紧张，贵州也没什

么钱，加上任务紧急，搬迁的移民就没分到多少钱，记得只有10多元钱。搬出去后我们投亲靠友或者后靠安置，有的自己修建房子，怨不怨言都是过去的事情了。修水库的时候没有机械化，国家工业水平低，都是使用原先的土办法，人工挑，牛车拉，几个人抬石头，全部是人工。当时是集体，不同的生产队出劳力，整个坝区都派了人过来，大家盖个简易工棚，自带工具，整个工程基本都是人工。这么多民工住也是一个问题，民工有一部分住在农户家里，还有一些搭建工棚，很简陋，能遮风挡雨就算好的了。工地上也有食堂，一个连队一个食堂，生活比较艰苦，基本没有肉吃，就是菜、洋芋、苞谷饭，原先的口粮也不算多，一天吃两餐，两顿苞谷饭，要么就吃自己带的，国家没有补贴，基本也能吃饱。白天8点我们就开始上班，除了中间休息吃饭，一直做到天黑，不管什么情况都要上班，三班制，轮流做活，要确保任务完成。

工地上没有大的机器，要把大坝筑造结实，就采取传统的打夯的做法。打夯这段比较热闹，夯就是很结实的木墩，底下垫上铁皮，一般四个人用绳子拉起来打下去，有的比较重的夯要八个人才能拉起。打夯要喊口号，几个夯一起打，就喊“嘿哟嘿，嘿哟夯，要喊长调，嘿哟夯嘿，打夯的号，走喂嘿哟，走喂嘿哟”，就是这样的，喊得很好听，还有长调，“哎，你夯呀夯，你夯呀夯”，就是这样喊，就相当于是指挥，现在你们年轻人看不到了，这个打夯步调要一致，用力要均匀和要有狠劲，不然打不结实。工地上也有牛车拉，牛比较少，大都用人力拉牛车，主要拉土、石渣和水泥等。工地上除了男民工，也有女的，特别是大姑娘，我们都是喊小姑娘，她们干活喊的号子很好听，她们主要做一些轻松的活，比如，上土、拉车、挑土等，当然也有干劲大的妇女。工地上的安全措施也比较到位，经常做安全宣传，当时修建水库还没有受重伤的，一般都是擦破皮的小伤，涂点儿药就好了。虽然我们是搬迁的移民，经历了很多苦，但这个水库还是为当地做了大贡献。

口述人：杨文龙　男，1934年生，贵州省兴义市万屯镇阿红村务农

采访时间：2018年4月30日

这个水库规模在当时还是比较大的，因为这里经常干旱缺水，县里面就决定上马这个工程。当时我去工地里面做工，回来得一点儿工分，自己回家吃饭。这个工程量大，工期比较紧，人也比较多，记得拉死了好多

牛。工地各种活都有，拉泥、拉石头、拉黄土，那时候没有机械，就用手推车，以前没有大车，人挑肩扛的就把水库修起来了。这个水库就是农民出工出力建设的，去一天就得10工分。当时修水库，一头大牛给1斤粮食，这是不够的，有时候也到野地里割草给牛吃。工程从1958年开始，那时候水泥用得少，以前全部是泥巴，弄好压实了也不漏水。下面挖到底了，就用石头、石灰和和沙子下基脚，铺第一道管子，是石灰弄的涵洞，后面又换了水泥。当时把我们大队的土地拨出几百亩修水库，搬迁的有些挨着亲戚就搬去亲戚家，还有搬迁到其他寨子的。我们生产队划拨出去的土地当时没有得到补贴，后来20世纪60年代初进行了退赔。前些年对那些搬迁户重新进行了核实，隔壁村的每人每年得了600元的补贴。现在这几年我们村都没水用，他们村里供水站拿去卖钱了。农民得不到水用，田坎是干的，要打田就用电抽，不交钱完全切断又不放水。这个水库做工的民工有从其他地方来的，那些人就自己开火做饭，当地的就自己回家吃饭。在工地干活的，只得工分，没有其他补贴。

我当时在工地上，开始去拉泥巴，拉完泥巴就休息。拉泥巴主要是去做土坝子，拉10车20车泥巴一个工，因为赶工期，当时有很多大牛都是拉死的。牛累死后，就在食堂把死了的牛做了吃了，也算吃肉的补贴了。在食堂吃的饭是苞谷面和大米，各占一半，还有1斤苞谷补贴，自己要带一点儿才能吃饱。在工地干活不论时间，八九个小时，只要任务完成了就可以休息了，拉不足就要一直拉。这些泥土、石块都是用人拉的，就是用手推车、牛车，手推车还是后来才有的，把那一天工程完成就走了。至于安全问题，这么大的工程肯定会有受伤的情况，尤其在工期比较紧张的时候，但当时医疗条件差，受伤就用一点儿药酒擦擦，不像现在有伤就进医院，那时死了的都是一次性的补贴。这么大工程难免会出现事故，不过也是极少情况，当时有一个人因为开石头被打死了，领导去慰问了，给了丧葬费。修这个水库就是用来灌溉田地，因为原先这里旱得厉害，现在水库的水被用来卖钱，完全商业化了。我们周围田坎没有水用，低处就自己抽水，高处抽不到水的，有的人家没办法也只能靠天下雨或者买水了。

天生桥上的奋斗

该工程位于平塘县克度镇，是为解决农田灌溉用水而修建的较大规模的引水工程，拦河坝为浆砌石重力坝，坝高 5.5 米，长 42 米，渠道总长 63.6 公里，其中总干渠长 17.8 公里，干渠 2 条 24.6 公里，支渠 4 条 21.2 公里。工程由黔南州水利电力局负责设计，初步设计灌溉面积 18600 亩，其中提灌 4600 亩，有效灌溉面积 1400 亩，保证灌溉面积 9800 亩。1965 年由平塘县负责组织施工，1969 年竣工，并附属渠道跌水电站 1 座，装机容量在 400 千瓦，电站由县水利电力局管理，1971 年动工修建，1975 年建成。

口述者：杨松培　男，1930 年生，贵州省平塘县克度镇全星村务农

采访时间：2018 年 9 月 8 日

这个天生桥修了三次才成功，第一次从惠水县的叶子洞（音译）修起，从 1957 年到 1959 年，修到了河边，从叶子洞到河边共 7 公里，之后因为事故就停工了。到了 1959 年的下半年开始了第二次修建，当时的工程师还在，从大坝修起，打涵洞时，因为土质硬、条件复杂打不通。1958 年的时候我们这个地方就划归罗甸了，乐舟、白路归独山，到 1961 年才恢复平塘县，在 1964 年的时候开始测量，1965 年的时候开始修，当时的县长是一个很了不起的人，那么多的工程，长几十公里，因为管理得好，根本没出过事故。这次修建很顺利，人们的士气也比较高，当时一个生产队或者一个寨子去十多个人。那时候我在村里是村干部，我就带领他们去修水利，共几百人，根据任务分段完成，上工地后开始做好准备工作，这是第三次修。第一次修的时候，我在里面负责财务，指挥部下面设立财务科，当时的工程师还在，姓马，湖北人，后来退休就回老家湖北了，当时我们很要好。1968 年修建完成之后就开始修电站了。1966 年快过年的时候，我们已经修通到天生桥了，之后我和另外一个人修渡槽，当时那个人比我小五六岁，而且他家就住在附近，直到现在还健在，很多当时一起修水利的人都不在了。

当时去修水利的这些民工是从每个寨子抽调的，一个生产队去七八个人，根据生产队的人数来定，这个工程当时每个村都去，村主任也要去，因为自己不修就没人去修了，每个村都是自己出工，自己负责报酬，生产队要送菜送粮，完成规定的任务。我们这种自带工具，自带伙食，国家是有补贴的，修土方的是 2.5 角，修石方的是 3.5 角，国家投资了 80 万，搞得很有条理、很正规，在整个施工过程中没有出现一起重大工伤事故。只

有一次，有两位工人，休息时坐在那里，上面有石头掉下来刚好打到他们的脚，两人伤到了，但这个事件是石头自己掉下来的，并不是施工当中发生的。还有一个人，他现在不在了，当时他在施工时，推着手推车下坡，不小心自己也一起滑下去了，不过当时摔下去没有多大的损伤。工地上有正规的卫生员来处理工伤，就连我都受过伤，那是 1966 年 5 月 13 日，我和民工推着车到县城拉水泥，但那天下雨，水泥拿不了，而地面的水又涨起来了，于是我就要去拿手推车，不料被水冲走了，然后受伤了，回来擦药一个多月才好。我受伤时就去了指挥部的医务室治疗。当时在工地上这些药品都是免费的，还记得当时我得过两瓶药，很贵，4 元多一瓶，我吃了两瓶就好了。当时的卫生员有几个而不是一个，因为工程量大，延绵十多公里的工地，成千上万的人，卫生员肯定要多。

我们工地很大，人也多，有两个公社一起做，所以搞好后勤工作很重要，而当时我们的后勤管理得很好，就是层层管理，每层都有负责人。比如放炮的是一层，放炮是统一时间放的，当时放炮的只出现过一起事故：有一个人，是广东的，在放炮时去拍照，结果一颗石子飞过来打中他的膝盖，当时受伤后直接就送到大医院了，送到黔南州，医疗费都是国家出的。当时管理很好，分营分连，进行军事化管理，军事化组织，一个村负责一段，一段一段地完成，必须完成得很好。我们还搞竞赛，就是有人发起挑战，然后有人迎战，成绩好的被评为标兵，还有一对夫妇被表扬了呢，现在两人还在，当时他们才十七八岁，还有一位在开大会时领导专门表扬他干得好。当时工地上做这些竞赛，评标兵就是为了调动我们农民工的积极性。当时我们施工干活是有工分的，是对自己有好处的，而当时也有出工不出力的，但这种人很少，我们也会做好监督，不能我做了你不做，这是不对的。我们干活分得很细，有烧石灰的，有运输的，有砍柴的，有负责炊事搞生活安排的，炊事搞得很好的。当时一个连组织一个食堂，食堂的饭菜是生产队自己带过去，自己家里送菜自己吃，然后政府补贴作为生活费，用来买盐、买油、买肉，也能吃得饱，相比较第一次和第二次修，生活好多了。

每完成一个任务，国家就会发工资，我们可以用来改善生活。这个水利工程是国家发起的，我们去修就有工资，有好处，若是自己公社组织去修没有工资。那些在山上干活的人更是没有好处，所以这种工程若不是国家和政府去组织，根本修不成。对这些大工程，政府要在其中组织才能把老百姓调动起来，个人是不行的。就连镇长也调动不起来，只有县长才有这个能力。我们这个县长很朴素，报告讲得头头是道，讲得让你不得不服。在工地上做活的时候，我们经常开大会，在晚上开，就讲要注意安全，把生活搞好等，因为生活好生产才好。当时我在工地的时候是办公室的，管生产、管安全，还管收方等，我们在施工时，规定好负责修哪段，按时上班和下班，没有夜战，只有1959年开始修时有一点儿夜战，因为劳动者也要休息的，不休息白天没有精力继续做。我们在山上盖工棚，在工棚里吃饭、睡觉，当时工棚里还有文化生活，比如，演戏之类的，过去要是有手机我就把它拍下来了，过去工地晚上我们还唱歌，唱革命歌曲，在“文革”之前，我们还唱老歌，演小品。工程这么大，如果一点儿娱乐活动都没有，那是很枯燥的，所以精神生活也要跟上。

工地上男女都有，女民工主要做一些小工，如挖土方、打钢钎、打石炮，她们如果在半山腰就要捆绳子。修渠道时主要用的是石灰，自己烧，水泥比较少，虽然有但还是少的，在修时，可以把水泥和石灰和在一起，这样做下来很好，质量还过关，也不漏水，实在不行就拿水泥再涂一层。过去修桥要在这里面加糯米和桐油，但我们的工程什么也没有加，烧石灰就是就地取材，我们烧石灰时，每烧100斤就得五毛钱作为生活费。渠道两边和底部都用石灰浆铺，对工程的质量检查很严格，检查人员用东西去捅，如果修渠道放的浆不满，它就是空心的，会被捅破，需要翻修。如果不翻修，就会漏水垮掉，如果垮掉再重修就会浪费时间、精力和资金。修倒虹管、渡槽用的全是水泥，因为没有水泥修不成。在工地上我们没有建工厂自制水泥，但制过火药，比如，硝铵，这个硝铵是国家发的，有专门的人负责，通过水碾加工，把硝铵碾碎，碾碎之后过滤，之后再加一些木料、老糠、木渣就成炸药了，这个不是黑火药，黑火药要加一些木炭。工地上也有石工，但不多，很多时候都自己学，晚上上课教怎么做，要教浆曲是什么、拌浆怎么拌，怎么达到标号，等等，乱搞是不可以的，达不到标号不行，凝固不好，质量肯定差，就要返工了。

没修这个工程之前，我们这里干旱的时候用地下水，但没有电很难抽上来，粮食产量比较低。为了改变这种情况，就着手修建这个天生桥引水工程，前后修了三次才成功。之前从平塘修水利到这里，在山上到河边挑水，一天挑两次都了不起了，现在工程修好了，山上都是水窖。引水工程修好后，设立了水管所，有专人负责平时的维修灌溉用水工作，老百姓也负责维修这些工程，必要时要出工出力。现在来看工程修好了，人们吃水用水解决了，农业灌溉有水了，粮食增产了，老百姓收入增加了，旱涝保收了，大家肯定认同这个工程呀。

口述者：顾永昌　男，1942 年生，贵州省平塘县克度镇金山村务农

采访时间：2018 年 9 月 8 日

我在工地上主要负责放炮，就是爆破手，这是个危险的工作，大家都十分小心，也都挑选业务比较不错的人参加。放炮是这样：把炮眼全部打好，打好后等他们收工了，我们才来安放炮药，再点炮。那时我才结婚，年纪小，力气也有，做事还是可以的，受到领导的表扬，我们干活也起劲，我结婚两个多月才去工地上的，在工地干了两年，基本上就是放炮，虽然比较危险，但我们大队去的人都没有受过伤，先打好炮眼等他们收工以后再放炮。我们住在工地上，就是先把工棚搭好，砍一些树木，盖上茅草就行了，比较简陋，有个挡风避雨的地方罢了，大家住在里面比较热闹，吃住都在里面。

炸药有人专门负责保管，本身炸药不会炸，拿根小木棍把雷管引线一起插下去，表面用东西盖上就行了，那个东西也是不能碰的，重的东西一碰它自然会爆，雷管一爆，它的力量自然就大了，炸药就起作用了，雷管不爆，炸药就不起作用。我们大队两个人负责放炮，等我们在放炮的时候他们收工了。有安全洞，点好炮后就躲在洞中，顶上的石头落下来砸不到人。修这节水渠的时候，就打伤了几个民工，那不是我们大队的。有个人的腿被砸断，技术员都被砸了，就是因为没躲好。工地负责给这些伤员医治，工地上有个简易的医务室，感冒发烧可以简单处理一下。我和我媳妇两个都受过表彰，开大会口头表扬的，她也在工地上干活，我家爱人是打炮眼的，打炮眼厉害，会打，熟练。在工地上吃饭是集体煮，自己吃多少就带多少。把米带去，食堂就拿饭票、菜票给你，你想吃多少就打多少，那时最起码是半斤以上，大部分都在一斤。国家有补助，私人带多少，国家补助多少。

如果放炮的时候遇到下雨，不用怕，因为炸药不怕水，这么大个炮眼，一般雨进不去，这个放在水里也会炸。打炮眼不容易，只是这个地方

要打好深，打浅了嘣不起来，看似简单，打不好它会滑，打在钢筋上或者打到手，打习惯了就好打了。放炮有自然炮，就是放到自然洞里面，可放十多箱炸药。那个是自然洞，也很厉害的，你找到自然洞，放药多点就来得多。晚上放的就收工了，早上放的等吃早饭来把它撬开。放炮的本身就是安全员，安全第一，这个要培训，就是听负责人读一些安全方面的知识和讲话，这个也要学，有些炮恰恰一点完就炸，有些还没点完就炸，也有的导火索烧完也不炸，就是哑炮，要十分小心。一般都不轻易炸，正式放炮的人还不容易出事，躲不好的，石头一飞起来就很容易出事。点炮的人要有准备，跑得也要快，当时没有死的现象，没有大滑坡，安全问题相对管得还是比较严的。

口述者：崔玉才 男，1937 年生，贵州省平塘县克度镇先进村务农

采访时间：2018 年 9 月 8 日

修这个工程，我们这里是抽 10 个人去烧石灰，在坡上搭帐篷，我就在岩洞中居住。窑打成之后，把石灰和泥土混在一起在窑外面敷上一层，敷成一个坛子的样子。石头也是在山上，因为那时没有炸药，就拿锤子把石头慢慢敲碎，再把碎石敲小，要一个星期才能烧好一窑石灰，因为要先烧三天三夜，等到石灰冷了之后才能出窑。刚烧好时温度非常高不好出窑，出窑时用篮子和扁担去挑，我们扁担都挑烂了好几根。烧好石灰需要把石灰抬下山去称，称好后又回去继续抬，一天来回好几次，最少要来回四次。把石灰抬到沟上用，这个工作是生产队抽几个人去。去工地之后，吃住都在岩洞中，自己带上米，抬山上一个岩洞中的水来饮用，晚上烧窑时是工地上的几个人轮流换班。另一边烧石灰的地方也是砍柴去烧，他们烧好石灰后也要把石灰抬下山去称，但是他们下山的路较平缓，没有我们在山顶烧石灰再抬下山去的活重。

我们居住的岩洞中的岩壁上会滴水，但环境比较干燥。冬天的时候在岩洞中烧火取暖，夏天的时候岩洞中不会出现老鼠和蟒蛇，工地上的几个人都住在岩洞中。烧石灰都用石头堆起来，再敷上一层泥土，把石头烧碎，用青石来烧。要去山上砍直径较大的木头来烧石头，不用炭烧。有专门自带斧子去山上砍树的，山上的树都被砍光了。

烧石灰烧了两三个月，烧好石灰抬下山去称，石灰是按重量计工分，重量越重，工分越多。砍光树的山坡不会轻易滑坡，山坡上完全是岩石。

烧石灰是连续用大火烧三天三夜，不停火，烧好了中间就会出现一个芯，用水打湿全部化成灰面。窖中的石头非常大，烧的时候需要温度越高越好，烧的柴要3米多长，要放三四根去窖里面烧，刚一开始，柴就烧完了。烧好后把石灰抬到沟上去，用水泡，泡好后石灰就变成白灰了。一窖可以烧2万斤石灰，生产队没有规定任务量。烧好石灰是为了供应打坎、修沟，主要供应我们先进村的人使用。

我在工地上烧窖时“文化大革命”还没有开始，当时在工作上没有进行政治学习，我们都不认识字，去那里不知道学习什么。我们就帮忙把石灰烧好抬去，就像刚才我说的，完成每天的任务量就行了。那个时候我们一天也是吃三顿饭，饭菜虽然不如现在丰富，但当时也能吃饱。在工地要休息大家一起休息，不休息就一起工作，几个人一起商量，烧石灰没有时间规定，把任务完成就行了，主要是不能耽误工程使用。下雨的时候我们仍然要烧石灰。石灰抬到工地上用来砌石块，像水泥一样，那时候也有水泥，不过一方面贵，另一方面也不好买，大家都是就地取材烧石灰。以前修厕所都用石灰来砌，非常坚实、牢固，我们在工地上烧了不到一年的石灰就回去了。对于修水渠我们心里是愿意的，毕竟这个工程修好后对于解决当地的吃水用水问题起到了很大的作用，当时李县长天天来检查，工程质量还是过得去的。

马畔塘水库的回顾

水库位于思南县的许家坝，这是贵州在岩溶强烈发育地区兴建的工程之一。1974年春季动工，同年12月大坝及干渠建成，完成速度比较快。大坝由拱坝、重力坝和土坝三段组合而成，共长373.2米，其中主河槽为砌石拱坝，右边为重力溢流坝，在拱坝左边和溢流坝右边各连接土坝。水库建成蓄水后，发现右岸主坝前库区有硝洞70多处，渗水严重，于是在1975—1977年采取见洞补洞、开挖回填的办法进行堵漏，取得了良好效果。目前，该水库是当地防洪、灌溉和居民饮用水的主要水源之一。

口述人：李朝先　男，1944年生，贵州省思南县许家坝镇坑水村务农

采访时间：2018年5月12日

这个工程还算比较大，开始各大队抽人过来，三五个人打石头，设有指挥长专门管民工。当时开山劈石的那些料石遍山遍地，差不多修了一两

年。正式开工修的时候，书记提出口号：当年设计，当年施工，当年受益，当年灌溉。开大会的那个晚上，铜仁的领导也来了，给我们鼓舞士气，至今四十几年，已经记不清楚书记讲的那些话。当时条件艰苦，民工做活很辛苦，我一直参与这个塘的修建。各地的民工都过来，有的住在工地的工棚里，有的住在老百姓家里，当时有些民工就住我们楼上，我们家里上楼的梯子都磨断了，一上一下的，最少都有二三十个人。我们主要负责打料石，四个人一组，就是把石头劈开，一些大的石头打磨后建大坝用，一个月 100 块就了不起了，当时的老师都只有三四十块钱，后来的工钱也没有结算完。我们想了一下，都是为了自己的后代享福，现在我还是这个态度。当时修塘，现在修路，我都是大力支持的。

大坝工程师是思南的，他原来是个教师，修水库的时候就来水电局做设计，中间拱坝跨河线，是八号铁丝扯起来的。记得有天早晨，他一早就去看那个跨河线，那根铁丝还在上面拦着，设计师看到这个不安全，怕铁丝把工人拌到河里，当时坝已经修了一二十米高了，他就伸手上去碰那个桩，就把他带翻下来倒在石头上，人当时就死了。其余大坝修建的时候没有出现大的伤亡事故，一般的擦伤是在所难免的。修这个水库还是占了些土地，搬迁了些住户的，国家也是给了一定的补贴，这些都是一次性的。当时吃的没有问题，生活没有问题，有时候还杀猪吃。每个连队都有伙房，有专人负责做饭，虽然油水不多但也能吃得饱，还有人负责买菜，从城里买菜拉到工地上，那些菜都是新鲜的，当天做当天吃完，第二天再买。工地上也有宣传队，就是鼓舞大家干活，他们排演节目和放电影等，每个队都是隔时间来放一场，供大家消遣娱乐，当然，宣传队如果不排练节目也要去工地上做活。水库修的时候有个地方漏水，然后就灌浆，用了很多水泥和石灰，现在基本不漏了，水库修好质量还是有保证的，之后还有专人负责管理。

口述人：李应文 男，1943 年生，贵州省思南县许家坝镇坑水村务农

采访时间：2018 年 5 月 12 日

记得大约 1972 年的时候，就正式准备建，但没有批，可能是 1972 年下半年批的，那个时候还提出了一个口号：“当年设计，当年施工，当年完工，当年受益。”相当厉害。整个地区不同的公社都要派人来，每个生产队和每个人都规定任务，规定一天要淘多少河沙，把粗的沙子滤出来，

然后把细沙挑出来。虽然在工地上做工，但报酬很低，生产队最多 10 分，也就是说做一天的活给你 10 分。当时工地上成立有连队，采取的是军事化管理。淘沙的东西基本上准备齐了后，淘了很多沙子，堆得很高，后来就开始成立一个直属连，去坡上去打料石。我们那个时候就在那里打料石，料石打得差不多了就开始筑坝。打料石、抬料石，每天直属连专门有人来收方，收了的料石，就用红色标记，说收方了，一天一个人要打很多方。那个时候有 8 个人或者 16 个人抬一块石头，中间绑石头的链子都弄得很大，用一把大的木棒插在中间，用钩勾住，要用很多棒才能抬得起来，抬的过程中还要把棒变换过来。那个时候年轻，干劲十足，没有风扇机，又没有碎石头的机器，都是全部用人来稳，两个人稳，一个人打。那时的人吃得苦，打石头都是把衣服脱了穿背心打，汗水直流，不过特别有干劲，还要加夜班。冬天就冷得不得了，放在那里的钢筋，用戴手套的手去撬，手套和钢筋就分不开，冻在一起了，条件艰苦得很。

那时我们这些年轻人干劲不知道从哪儿来的，生活也不见得很好，吃得不好还有力气。生活就是蔬菜、红薯，米饭都不是很多，吃肉就更谈不上了。那时属于集体，集体也抓得特别紧。你不出工就没有工分，没有钱补给你，特别困难。开始上面才批 108 万，这 108 万都是用来买材料和工具，对于人力报酬，完全没有一分钱。那时的人就肯做，要是现在工钱少了都没人帮你做。工地的组织构架有一个指挥部，下面就分一些连队，一个连有一个伙食房，指挥部有个伙食房，还成立了一个直属连，专门安砌主坝，直属连也有个伙食房，其余劳动力就专门抬石头，搞运输，从坡上抬到坝上。安砌的，抬料的，还有挑土和筛沙的，大家分工合作。其实那时也是比较高兴的，因为这是为我们后代造福，将来大家有水了，粮食丰收了，生活各个方面都提高了。大家都有一个正确的认识，淘沙那么冷，还要光着身子用框抬起来，在水里面干到天黑，有些人嘴唇都冷得发紫，那些人基本上都是 30~40 岁的青年人，十几岁的小伙子也有，那个时候的民工基本上都很团结，为了修建马畔塘，觉悟都比较高。

那时林主任思想工作做得相当好，他一般不骂人，看你哪儿不对，马上叫你过来，做你的思想工作，看那些人坚持不住了，就叫大家休息休息，然后又做。许家坝大队是徐支书带领的，做这些工作是他提出来的，完成分配的任务是我们的本职工作。大家都要做，他也会做工作的。修建这个坝的口号：当年设计，当年施工，当年完工，当年受益，最终实现了。那时的人们都要完成规定任务，一天好多任务，完成了就可以回去，把这些弄好才淘河沙了嘛，大体就是这个样子。住的话，就是这边的房子和下面那些房子，挨在一起。记得工地上有个拖拉机在轧泥巴，这些泥巴都是人工挑上来的，现在想起来都挺佩服的。还有就是隔几天就要评一次，哪个连队做得好，哪些连队做得差，详细情况不太记得清楚了，但没有奖品，精神奖励多。冬天的时候，晚上太冷了，指挥部就派一人提一些酒来，每人一杯，其余的就没什么奖品了，连张奖状都没发过，感觉特别辛苦。吃饭都有食堂，肉是买来的，但买肉的钱不知从哪儿来的，可能上面还是解决了一部分的生活，那时候还买牛来杀，每个连队隔几天就要杀一头牛，那时还有人开玩笑说："马畔塘是牛堆起来的。"猪肉也有，一般都用来熬油，基本上都是牛肉，因为那会儿我们这里牛多，就很便宜。那会儿这里允许杀牛，但其他方面就不允许了。为了修马畔塘，政府向上面申请后可以杀一部分牛来改善生活，一天吃两顿饭，早饭和晚饭，没有午饭，说不饿是假的，但都能够坚持。

那时候我 28 岁，记得当时要迁坟，我一个人抬前面的碑上坡，特别厉害，抬个二三百斤都没问题，每天都是天一亮就干活，天黑就下班，没有规定多少个小时，上面砌石的没规定任务，但下面淘沙的就规定了，淘好了要挑到一个地方去称，一个人 300 斤，都要过秤，把沙子挑来，把框放在秤上称好了，就倒在地上。还有挑泥巴的，今天发豆子，明天发苞谷，一天挑完了才算完成任务。那个时候说风就是风，说雨就是雨，你越跑，越偷懒就对你越不利，生产队要记工分，一切都是掌握在人家手里的。有时工地也会组织学习，晚上还有娱乐，要表演节目，主要是为了放松。挑泥巴的还有妇女，有人挖，有人挑，女孩子也有，她们做的活比较轻松。那个时候都是全部动员，家里的劳动力基本上都上来了。我们这里还是收益区，但有的地方不是，那些地区的人也都来参加修建了。修建大坝的石头基本都是从山坡来的，因为由下往上，就用一些木轨运到船上，这个船就是工具的改革，提高了干活的效率。船是比较大的，运很多吨，如果人工抬，一块石头起码要 8 个人，捆绳子都要耽搁半小时。

这么大的工程难免有擦伤，如果有人受伤，工地上有一个医务室，那些小伤、擦伤，上点儿药就好，是不要钱的。当时我们都是抱着为子孙造福的思想去干，开大会的时候都在讲我们这个地方天旱缺水，如果马畔塘修好了，各方面都方便，良田有水灌，庄稼能丰收，人人都有这个认识。所以，只要群众认识到位，根本不需要上面来催，思想统一起来才能好好干活，如果有些人偷懒耍滑，不能按规定完成任务，就会受到思想教育，甚至严惩。当时那些干部也都一直坚守岗位，比如，今天大年三十，明天初一，区委书记号召，我们今晚大干，明早以百炮迎接新年，响一早晨。那时候就没有放假，一直都在工作，根本不用说什么过年和节气之类的。现在看来，修这个马畔塘，好处多得很，但只有在共产党领导下才修得起来。

口述人：张承夏　男，1948 年生，贵州省思南县许家坝镇坑水村务农

采访时间：2018 年 5 月 12 日

我记得最早是 1973 年开工的，先进行勘测设计，1973 年秋冬，就是农历的九十月开工，那个时候水已经干涸了。我们生产队也派劳动力去，我是去打基石。那时是评工分，根据做工多少评，当时国家还是有一点儿补助负责生活，我打了将近一年的基石。为了打这个大坝，每个生产队都抽调人去，编成班、排、连等管理，起先就是打料石，人工挑沙，周围没有沙场，都是到周围小河去挑，大约一天要挑 1000 斤，10 个工分，挑得多，工分适当多一些，这个是直接和粮食挂钩的。为了赶工期，我们白天夜晚都加班，当时指挥长是张国海，他是水电局的，又是个设计师，有一次晚上去指挥，当时电灯有是有，但是不太亮，都是小型电站，电不充足，结果设计师不小心就摔死了，很可惜的。那时，我们就是负责用人工抬，没有机械化，全部都是 8 个人或者 12 个人抬。我在上面打了三四年石头，现在那些老师傅全都过世了。那时我才 22 岁，石头就用船运过来，运到坝边上，用人工抬到坝基上，抬上来就施工。

至于生活，一天就两顿饭，那时就是一个连队一个食堂，一个连队有 100 多个人，就像现在开的那些饭店一样。饭还是够吃，我一天吃两餐，还勉强过得去。那时，一个月有 300 分，一天 10 分，按工分吃饭。假如你家有 5 个人，一个人要 500 个工分，一年就 2500 个工分，假如你没完成这 2500 工分，你就要补钱，就要扣你粮食。粮食是按劳取酬，劳动多少，就得多少。我们这边距离大坝近，一般下班就回家来，反正就是说下午六七点下班，早上五六点去上班，中午就在那里不回来。那几年还是蛮艰苦

的，衣肩两边都是补丁，这补一块，那补一块，裤子也是这样。工地上肉很少，平时是白菜、萝卜，很少能吃到肉，油是非常淡的。生活是非常差的，能吃得饱就还不错了。我今年刚好 70，那时是 1972 年，你说我当时多少岁，而且那时刚好才结婚。当时工地分工还是比较明确的，挑沙的挑沙，安放石头的安放石头，和浆的和浆，都是人工。到下班时间，自己到各个食堂去，该吃饭就吃饭，该休息就休息，该回家的回家。大坝上有一个指挥部，政府有几个人就在那里，下面几个科，医务科、采购科、会计科、后勤等，一年左右的时间才把这个水库修好。

口述人：张涵艳　男，1943 年生，贵州省思南县许家坝镇坑水村务农

采访时间：2018 年 5 月 12 日

马畔塘修建的时候我是水利局干部，我是 1962 年参加工作的，1973 年马畔塘开始打石料的时候我就在桥上，石匠施工的时候我在场，当时比较艰苦，不像现在都是机械化，那时候人工是主力，不过坝的整体质量还过得去，很结实牢固。拱坝是陈玉龙（音译）等人设计的，他们在当时被看作工程师，有文化、有水平、有技术，这个大坝是“当年施工，当年收益，当年完工”，主要领导听到这个话之后上面就批了 108 万，上报的时候是 101 万，这在当时是很多的了。当时各生产队抽调人支援，每个人都有任务，完成规定的任务就记一个工。当时工地对施工安全管理非常严格，不过也有受伤或者出现意外的。工地上的生活，说句实话，都是平等的，那时候不特殊化，大家吃的饭都是一样的。就是施工队比较辛苦，晚上施工，下雪时，用手刨雪，然后手都麻木了，回去用开水烫也没有知觉，在施工中，用铅笔打点，并且要对准，如果不对准就不标准、不统一。整个工地有一个负责指挥的指挥部，下面还有负责卫生安全的、生活保障的、施工组织的等不同部门。记得当时有个宣传队，有时候会来慰问，宣传队就是唱歌、跳舞，平时也不能耽误生产，就是给民工鼓劲。我对马畔塘水库的看法是：能开个旅游区是最好的。

口述人：张承瑜　男，1953 年生，贵州省思南县许家坝镇坑水村务农

采访时间：2018 年 5 月 12 日

这个水库是“文革”时期开始动工的，是我们许家坝准许的，县委书记来调动的人。之前马畔塘有个小坝，也是工人修建的土坝，后来修到一定程度就被洪水冲垮了，之后就废弃了，没人提起要修建这个水库，后来

书记调到这儿来看到了这个现场，说这个水大，灌溉面积也宽，他就写报告，决定修马畔塘。那个时候国家也没有钱，怎么办呢？他就和村里面这些领导、公社、大队、生产队商量。那个时候没有一分钱，就自力更生。开始修的那一年，我们从乡里村里抽取部分人，在生产队抽人，有些一个队一个，有些队也没有，去工地打料石，我是1971年年底，记得是腊月二十八才去。1972年各生产队在河里面淘沙，之后开始挑沙，各生产队你这个队多少方，他那个队多少方，就是分解任务，有的人淘沙，有的人清洗，我们三七公社就负责清洗。1973年冬天时，整个生产队的劳动力都上了，对面的土坝就是双八公社的各生产队修建的。我们三七公社负责主坝，我们属于直属连，打料石的，料石打完之后，就不要打了，意思就是够了，石匠下来帮助打石头，我们抬了整整40天的石头。后面40天主坝修成功了，后来修的那些桥，那些收尾工作我们就在那里接力继续做，直到完全修建完毕，我们就撤回来了。

在工地做活，生产队和国家都会给补助，生产队去的人属于大队民工每天补助三毛钱，像我们直属连，意思就是技术人员，国家会补助六毛钱，生产队半斤米，国家半斤米。那时候就搞人海战术。后来开会说，批下来100多万，水泥也批下来了，用这点儿钱把大坝的主体工程修好，还差的部分就让其他公社一起想办法，再后来，我也不清楚了，大体上我知道的就是这个样子。指挥部就是区里面的，后来县里面水电局有一个副局长在这儿负责，技术员也是县里面水电局的。我们三七公社就是来修这个主坝，反正一天都是分着任务的，比如，挑泥土的一天要挑多少斤，100斤一担，一天要挑50回、挑80回都是有个标准制度的，打石料的一天规定要打多少平方的任务，都是有规定的，打炮眼的一天要打一米深。每一个人，早去晚去，都有规定的工作量，工作好了就可以回家休息，要把工作做完才能收工，就算工作超额完成也不会有奖金。如果你工作今天完成了就早点儿下班，就像挑泥土的，一天挑两三方，早点儿挑完，早点儿收工，迟点儿挑完，就迟一点儿收工。

至于住的地方，远处来的有部分就住在工地，自己砍树，弄点儿茅草搭建工棚，不像我们住在村里，他们自己做饭吃，自己洗衣服。像我们离家近的，从家到这里，走得最慢20分钟也可以到了，到了吃晚饭的时候就回家，第二天早上又去上班了。伙食房也是开设在我们村里，在工地上工作的，也是来我们这里吃。生产队补助半斤，国家补助半斤，不够就要自己带粮食来，所以属于自力更生。十多天吃一次肉，基本都是素菜，一天吃两顿饭。那时我刚刚结婚，说是一个生产队抽调两个石匠上去，但我们这队有个老石匠不去，他50多岁了，最后采取抓阄，我抓到了。当时我什么都不懂，对环境又不熟悉，就是慢慢地摸索，后来熟悉了就什么都会了。

我在马畔塘水库主要的工作就是石工，石工就是去山上开采石头，打成四四方方的石头，在修坝的时候，近的地方用人抬，有的人抬，有的人修，就像这样逐渐修建起来。有专门负责修方的，一个人要负责完成几方，是必须完成的，完成不了不行。在修建过程中受伤是在所难免的。就拿石工来举例子，在修凿石头的过程中，那些小石子飞起来，脸上、脚上都会受伤，提起这个问题就应该知道。工地上有小医院，工人脱臼、擦伤、摔伤等小型伤痛，医院会派一个医生拿点儿药，那时候的医疗和现在是两回事，就是简单包扎处理下或者开点儿药就行了。平时我们都是干活，基本没有什么政治学习，也没有时间学，因为任务紧，大家也比较累，最多就是开一下会，当领导的，就跟大家说，积极一点儿，不要旷工，坝修起了之后，大家都会收益。

修这个水库，我前面说了，大都是受益区参加的，但是非受益区也来支援，分派的任务必须完成，如果推三阻四要受到批评乃至惩罚。比如，上面张家村生产队，上级下达命令，该生产队要派一个劳动力，通知今天没有来，明天也没有来，还通知你，仍然不来，这是不允许的。当时大家按照规矩上下班，不能迟到，下午吃晚饭的时候大家就都可以休息了。有时候还要加班，忙的时候，像前几天我们都要加班，当时加班没有补偿，属于无私奉献，因为大家都在工作，在赶工期，争分夺秒地干，一旦涨洪水了，那就无法工作了。记得有时为了提高大家的积极性，也为了加快速度，工地上会采取一些措施，比如，供应肉食、放电影、唱歌、劳动比赛等。

那时只要是农村劳动力，就算五六十岁都要参加，有些70多岁的都会下来挑泥土，无论多大年纪，只要是你能够干得了。每个生产队都有任务，无论是男女老幼都要参加，是不能逃跑的，当时是靠劳动吃饭的，你们也应该听说过，一个生产队一个劳动日就是10分，就像我们这样一个生产队一天工五毛钱，还算是分值高的，有些是两毛几分，一毛几分，三四毛的特别多，两三毛的也有。修水库是没有工资的，就是根据工分分粮食，国家干部才会有工资，如果有人在工地犯错误了，也就是开会点一下名，批评一下。在没有这个水库之前，马畔塘也有个水库，那个水库很小，这个水库要高一些，那时我们算是主力军，都才 20 多岁。

松柏山水库亲历记

松柏山水库是当时修建的贵阳市郊区最大的灌溉水库之一，位于市西南 31 公里处。大坝为混凝土双曲拱坝，高 52.5 米，总库容 4760 立方米，兴利库容 3240 万立方米。渠道总长 198 公里，设计灌溉面积 3.86 万亩。该工程的枢纽工程和渠系设计分别由省水利设计院和贵阳市水电局勘测设计队完成，由于工程岩溶发育强烈、地层复杂，从设计到施工再到竣工，经过了将近 10 年的时间。1975 年 10 月至 1977 年 8 月做施工准备，1982 年大坝达到设计高程，1983 年基本完成渠系施工。该水库是贵阳市主要供应水源之一。

口述人：罗仁荣　男，1951 年生，贵州省花溪区石板镇花街村务农

采访时间：2018 年 5 月 5 日

我是 1976 年 6 月去的松柏山水库。当时我们是在下坝，情况很艰苦，没有房子可以居住。当然，有的比较年轻的同志认为自己不能承受这份工作的艰苦，思想波动还是大。但是我认为，虽然艰苦，也要把大坝建好，大坝建好之后，我们把伙房建在路旁，解决了生活困难问题，生活渐渐变好。一部分人建个房子，部分人去施工。到了 1978 年之后，我又被调到了松柏山寨子里。来到这里后没有房子可以居住，也没有办法烧水，清早去捡点柴烧火，有时候这家安顿 2 个，那家安顿 3 个。当时很多人吃不饱饭，一顿没有达到 3 两饭，也没有菜。不管怎么样，霉豆腐也吃，一小颗水煮白菜，没有油就这样吃。工地上，要筛沙抬石头，要去洗坝基，要打沙，事情很多，从半夜干到天亮，晚上也没有加班粮。工地上也没有大米，就吃一点儿苞谷饭，没有菜，也没有菜油，100 个人，吃不饱。当时工地上有食堂，但是农村就是个人带点儿粮食去。在工地上就是到时间上班到时间下班，有时候下雨我们都要带着蓑衣干活。当时马处长在里面带着大家施工，就下着大雨，大家几乎都是披着蓑衣戴着斗笠去修大坝。

修大坝时有些人偷懒要滑，我告诉他们只有大坝修好了，我们的耕田才有充足的水源，粮食产量才能增加，才会有发展。当时在工棚里面住，我们是把松木绑在一起，用干草垫在上面，用布盖着草，睡在草上面，我待了8年最清楚。当时，我是不管这些，后面，我又当过副连长。在安全上，炸药雷管归我管，假如我不亲自管，第一，交不了差；第二，在施工方面影响大。就像人有睡的地方，炸药雷管也是在一个地方，统一管理。我搭一个棚子在那里，因为要管理着火药，怕出现问题。有一天，在房子的前面，那个房子很小，是去警校砍的木料造的房子，后墙是搭在墙面上的，位置不是很稳固，房子倒下来的时候，我们躲得快，连主板车，其他的工具钢丝都压断了。

修水库当然要花些心血，付出些代价，不能放弃。有一天发生一件事，出事人在我们村里当过村主任，现在他还活着，只是在生病。当时我在高坡上指挥，就看到我们的挖机在一个漏斗里挖沙子，漏斗比我们的房子还大几倍。当时那小子如果和碎石机摔下去人就完了，我们有一个工人就摔倒掉了下去，当时吓得我一直大叫。所以在这方面，我们要跟工人讲好，规格是规格，无论我们吃好吃坏，都要安安全全地回家。

当时是义务工作，我们工棚的松木很烂又是弯的，都是用虻毡来盖着，那时候暴雨又多，有些人害怕就往安全的地方走，宁愿蹲在那里都不回来。我们没有私人的房屋可以居住，没有卫生室，受伤就拿东西包着继续干，或者领导让你休息一天两天，没有什么医院。女民工体格好一点儿，就安排去干体力活，去水泥房，当时我就说让那些人多打饭给人家。如果没有能力的就安排去扒沙，在打沙机旁边做工，要想马儿好，要给马儿草。那个时候，大家相信国家的政策，把水库建设好，我们才会有饭吃，市场才会发展好。我们是第二批来修的，前面一批人把路修通了，我们才来修的水坝。修水库对于子孙有好处，有发展，市场有粮食卖，我们才有希望。多培养点儿人才，前面的人苦，后面的人才能享福。那个时候我们工地不发手套、安全帽，鞋子衣服都穿烂的。大家都是年轻人，但是内心感觉是愉快的，一个工作搞完就下班。在工地上谈朋友不要出现问题，不要乱去女同志寝室，要提前给他们讲清楚，但实际我们也管不了多少。

口述人：罗仁启　男，1954年生，贵州省花溪区石板镇花街村务农

采访时间：2018年5月5日

关于这个水库我们慢慢聊，当时我在坝上属于采购员，专门管生活，也不下工地。修水库当时是集体派工，一个生产队派四五个人，成立一个民兵连。我们是一个连，属于十八连，十八连有两个排长，我那时候是排长，还算是个官。去了以后，我被安排到伙食团，负责采购工作，当时都是用粮票、油票、肉票，要去政府指定的副食品公司购买。当时做工没有机械，全靠人工，晚上加班最辛苦，两毛五分钱一晚上，白天倒是好些。我们在松柏山主要是以灌浆为主，还有铲沙、洗沙、打石头、挑土。我们连基本上都是用石板车来推沙，推来洗，洗了后用传送带输送过去。生活上都是吃玉米，一半玉米一半大米，还有青菜、米粉、咸菜等，还是能吃得饱。开饭的时候就吹哨子，听到哨子声，就放下工具跑过来舀饭吃，每个人的饭菜相对都是公平的，即使熟人或者关系户也不好使，很多人都在旁边看着，做不得半点儿假。

民工住工棚里，十个八个人搭一间，工棚比较简陋，能遮风挡雨就不错了。我主要是管吃的用的，其他的管不着。伙食资金是由松柏山水库出，每天做了以后记账，每个月结一次账。每天一个民工补助多少钱补助多少粮有规定，补助要每个月抄花名册给领导签字。经过班长、排长、连长，再送到指挥部。指挥部有一个审核，有混凝土班、浇灌班、沙子班，都要对接。对接以后才拨款，拨为粮票以后，就拿粮票、油票去粮管所买，这是松柏山水库补助的部分，民工补助的部分是由各个乡镇所有，属于人民公社补助粮食。换成粮票、油票、肉票、酒票，都有指定的单位，拿了以后去各个供销点提，基本上都在贵阳提。一个星期一般吃两次肉，吃的全部是冻肉或咸肉。肉和酒在当时我觉得都还是有保障的。

采购的东西专门有单位拿，一次都是几个连派专人一起去，每天派一个车，比如，派三个连去提，派几个车子，几个采购员就跟着司机去提，全部是指定好的。一个连有一个采购员，我属于民兵连十八连，我们有司务长，有保管员，还有出纳员，一系列的验收签字。流程历来很严格，必须按照一套程序，再进入保管室，食堂再去保管室领。油、肉的使用数量取用全部得按照程序来，有专属的保管员，进来的粮食、生活用品，专门有人保管。食堂取用都要在司务长那里用秤去量，再取出。50斤肉、100

斤玉米必须要用秤称量过，不能任意取用。松柏山水库是属于一个民兵营，一个营下面有六七个连。如今我们营长都去世了，只有沈某某还在。一天食堂只做两顿饭，不做早饭，做好了饭菜放在一个高凳子上，打饭三两、四两必须用秤称过，很严格。打五两粮要给你称一斤多的饭，玉米和大米混在一起，想喝酒要下班以后，找个空闲的时间，用小勺舀出来，量是有规定的，酒不会发给每个人，很少出现喝醉斗殴的现象。有时候晚上看电影，和女生开玩笑的时候会引起打架冲突，为了女孩子去打架。大家都是属于民兵连的年轻人，各个乡镇去的都是年轻人，结婚的很少，政府派下去的都结过婚，各个村、镇去的基本上都是单身汉，年纪都很小，都是十七八岁、二十岁左右、二十五岁左右，所以有时会出现争风吃醋的现象。工地女同志有很多，有专门的女民兵连，主要负责维持秩序，做饭，还有很多女民工，她们的工作和男的差不多，重活一般不让她们做。

口述人：罗锦全　男，1959 年生，贵州省花溪区石板镇盖冗村务农

采访时间：2018 年 5 月 5 日

我们第一次去打工就是修水库，当时是拿工分吃饭，多做些活，粮食就可以多得到些，我们当时戴起斗笠在工地上奋斗了两年。水库是我们和花溪那些人亲自修的。当时我做完第一层就回家了。第一层是搅拌泥土，用机器从坡上吊沙子下来，搅拌后倒到里面。我当时还带个洗脸布，就是毛巾，上面写着“第一，加油”。这是当时在劳动比赛的时候我们获得第一名颁发的奖品，意思是工作表现好表示嘉奖。当时没有奖金，只发一些毛巾、茶缸、肥皂之类的，但对我们来说也是莫大的鼓励。水库也是有工期的，为了完成工期，不同的人每天完成的任务是有规定的，当时早上 8 点准时上班，一直要做到晚上。晚上把饭吃了再做一两个小时，晚上要加班做，一天十几个小时，必须完成规定的任务，受不了也不是一定要做，关键是按工分吃饭，不干活怎么拿工分。

工地上有伙食团，就是每个连队设有一个食堂，民工凭借工地上发的饭票去打饭吃。我们是六连，在那里面时间长，第一、二层都是我们修的。当时连队有 100 多人，他们主要是做小工，比如，打沙、挑土之类的。这种还比较轻松，就是自己拉石头来，用机器和那些沙搅拌起来一起打。我们连队共有五个排，不同排之间有不同分工，我记得有姓曾的和姓赵的，还有姓谢的女的开搅拌机。当时我们还开玩笑，一个女生能干这种技

术活，还是有能力的。工地上的女民工还是比较多的，她们的分工相对轻松些，上土、推土、挑土、筛沙等。当然，工地上的休息娱乐很少，大家都是在紧张地劳动，下大雨都要干，只要不是下暴雨或者下冰雹，我们都要做活。当时，工地上还有突击队，大家搞劳动比赛，看谁先完成或者超额完成任务。我记得也就那么多了。

口述人：李少秀　女，1957 年生，贵州省花溪区石板镇盖冗村务农

采访时间：2018 年 5 月 5 日

我当时年轻，20 岁左右，对一些活早已经熟悉。我早早就下学了，在生产队帮着做农活，当时修这个水库，每个队要抽人过去，我就被抽到了。来到工地被安排筛沙，推一下斗车，清理一下大坝，每天有一定的补贴，但不多。我们是石板七连，负责推沙，下去清理地基，这种工作比较轻松，所以女孩子多得很，男孩子就少些。女孩子推车，就是推斗车，还是能推动的，两个人推，后面人推，前面人拉，姑娘们的力气还是比较大，能推动。工地上的生活比之前要好些，当时吃的有高粱、玉米饭之类，也有一些大米，有时还能吃到肉，基本能吃得饱，当然饿肚子也很正常。吃不饱就从家里带点儿粮食来煮着吃，自己带小锅，当然这必须是家庭条件相对好些的，大部分还是能撑着就撑着，毕竟大都不富裕。女孩男孩都是合着一起去上班的，女班男班也都是一起下班，都是有上班规定的，那时候谈恋爱是不允许的，不能乱搞，不然会受到别人的指责和领导的批评。我们就住在水库旁边一个工棚里，是我们自己的，石料是拿车子拉来的，女孩住在一起热闹，那时候都不跳舞，也就看看电影，放一些战争片子。

工棚简易，就是砍些树木、茅草搭建起来的，能遮风挡雨就不错了，大家睡在一起，打上地铺，拿一个板钉成床的样子，如果漏雨就让男孩子去弄一下。工地上女孩子多，大都是年轻的姑娘，干劲还是比较大的，工地上晚上加班有时加到十一二点，加班没有多工资，男劳力是十分工，女劳力是八分工，虽然不平等但在当时也是没办法。也有劳动比赛，男同志之间、男女同志之间进行比赛，就是同样的任务看谁先完成，然后表扬一下，发个奖状，还有毛巾和茶杯。当然还树立先进模范，还有模范班，主要是年轻人和党团员起到主力。一天的活，完成任务就休息了，晚上就洗脚洗脸睡觉了。早上 7 点去上班，12 点下班来吃饭，下午 2 点上班，6 点

下班就休息，工地上基本没有偷懒的人。安全要自己注意，工地上有卫生室，也有医生，简陋的工棚就是医务室。我干了两年多，工地上最长的是4年还是5年，他们是修大坝、打隧道、打水渠之类。

口述人：越祖林 男，1956年生，贵州省花溪区石板镇花街村务农

采访时间：2018年5月5日

我是1976年上的松柏山水库，我刚刚上去的时候也是在渠道上，生产队给我们记工，一个月是30天有30个工，一个人补助多少生活费我记不清楚了，但是我们的钱都是统一拨过来的。那时候生活确实困难，吃饭是玉米渣一半，大米一半，一个星期有一次会餐，这就是在渠道上的生活。我在渠道上当出纳员，1977年又把我们调到松柏山水库大坝上，我在大坝上待了几年，那时候就是按民兵的编制，我们石板是两个连，一个是七连，一个是八连。当时我们过来是做浇灌，做浇灌的生活补助稍微高一点儿，但是不吃玉米渣了，吃大米了，一个星期也是一次会餐，其他的补助都没有。说实话，最辛苦的主要是水泥工人，和孟关的几个连，他们是专门推拉煤的小车。我是在办公室，也是出纳员，专门管后勤，就是每个月拨钱，拨了多少钱我这里记一个收入账，买菜、买大米等做个明细账。我们晚上加班有2毛5分的加班费。那时候真的辛苦，不加班没有钱，但是加班的钱你吃了东西就没有了，如果你不吃东西就发钱给你。

当时后勤是一个指挥部，在现在的花溪牛奶场，我们进账是在花溪人民银行，就在这里开支票，以前的生活费不知道是做什么补助的，我也记不清了，时间太长了。指挥部有管工的，有管党的，有管后勤的，机构都很齐全。我们的连队有指导员、正副连长、司务员、会计、出纳，各个班有班长。我负责连队后勤这一块，在指挥部领补助民工的生活费，领过来后，采购员拿着钱到指定的单位，比如，拿辣椒就在大西门民生商店，大米这些就从花溪仓库拉过来，至于到底是怎样补助的我也不清楚。采购后交给司务长，一天大概三顿饭，能吃饱的。我们八连主要是做浇灌，专门弄搅拌机，把沙子倒进去，按比例弄好，但是大坝工程的质量要求得比较高，要加上一些东西，因为有糖稀水泥搅拌起来品质更好，工程质量要求很严格。

这是重点工程，饭要吃饱，生活待遇各方面要弄好，大坝上主要是一连到九连共九个连队做工，民工是按当时的民兵编制。渠道上生活条件要

艰苦一些，那时有花溪指挥部管，坝上是由水泥二处财务科负责，生活补贴渠道上是花溪指挥部负责，坝上是由财务科负责。当时政府有个指挥部，水泥二处不是指挥部而是项目部，花溪指挥部是政府机构，水泥二处项目部是建设机构，九个连就是由水泥二处负责生活问题，渠道上就属于政府的工程。只要把后勤工作做好，只要他们吃得饱过得好，有力气去干活就行了。在渠道就艰苦，不是分工不一样，一个施工单位一个行政单位，施工单位经济要富裕一点，当时确实困难，我们每一个月大概补助生活费在 45 元以下，不会超过 45 元。整个生活标准的补助，松柏山水库稍微好些，上面拨给项目部补助的钱除去民工的生活费外，每个工人多少能得 10 元 8 元。

后勤工作做不好就不可能真正推动工程进展。当时有猪肉改善生活，我亲自去买的肉我知道的。别的连队没有喂猪，我们也没有喂，只有七连有。七连那些吃不完的饭，倒了可惜，就拿去喂猪。八连九连因为是从渠道调过来的，只修了一年半。工地那会儿有些年轻人谈情说爱。仅仅指导员、连长结过婚，指导员是政府委派的，副连长就从工人中选的，觉得谁可以，任命一个就行了。我 19 岁上的渠道，满 20 岁就调到松柏山水库了，反正在坝上结婚成对的还不少，他们比较有机会接触，每个礼拜水泥二处要放两场电影给他们看，还要组织歌舞比赛，每个连队都互相比赛，男民工也多，比了以后跳得好的就发一点儿奖品，本子、钢笔，像女孩子就发一个缸子，不发钱，劳动比赛只是正式工比，民工不比，民工白班的稍微好点儿，上深夜班的有时候等不到下班就打瞌睡了，回来就直接睡了，晚上做的全部是重体力劳动，确实艰苦。

我们当时有一次出去采购东西被别人骗了 140 多元，最后自己回家想办法去借钱补上。工地没有创收，就只有那一点儿生活费，资金有限，当时是大集体，大家都是一起吃饭，工作一天记多少工分，然后用工分换粮食。记工就是打考勤，在工地上有个考勤员，负责打考勤，到月底 28 日后就要汇总，汇总后盖上连队的公章，指导员、连长签字后送到生产队，生产队负责记工，一个月 31 天若能有 34 个工是很了不起的。

那时候修水库水泥二处才几辆车，11 辆车就能叫一个车队，大部分在下面，都是靠这九个连的民工，到处都是人，不像现在有挖掘机，当时这里有一两千人，就是靠人海战术。放炮的时候大家戴着安全帽，自己去找躲炮的地方。我家老太婆也是水库的，她在九连，我在八连，我们这里有好几对，那时候比较封建，不方便讨论的，像我们这一代在那时候就算开放的了。女孩子就是用那种尖的小拖把掏一下碎石、沙子，推车推的砂浆掉在哪里，就用洋铲把它铲掉，主要力量是男同志。晚上出来以后在大路上逛一逛，连与连之间的男女就互相认识了，也有男生打架的时候。年轻人不就这样，那时生活虽然艰苦，但确实很快乐。

口述人：吴培福　男，1957 年生，贵州省花溪区石板镇芦荻村务农

采访时间：2018 年 5 月 6 日

我们属于花溪区石板镇芦荻村第二组，当时叫我们去的时候是集体工分，以前叫作工分，现在叫作工资。以前我们是拿九分工，九分工是到松柏山水库，全劳动就是满工分，也就是三角钱一天，我们找钱给集体，集体又给我们一天半斤或三两粮食，以前生活最难过的时候，其他连队吃大米，我们石板连队吃苞谷杂粮，也就是玉米，玉米和 30%的大米，70%的杂粮，有时也吃发糕，发糕就是苞谷面，大鱼大肉是没有的，能吃上蔬菜米饭就不错了。我们负责打隧道，是用大锤，一锤一锤地打，我也是打了将近三年的隧道，打通了隧道要筑坝，打混凝土把坝口筑起来。我们是在路面上挖土方，开山是六角钱一方石头，我们开了八个月，一个月拿 60 块钱。当时机械化水平低，用的是震动棒和鼓风机。

我们一个班是 12 个人，打完了炮眼又把沙铲了，我们用的是小板车铲沙，稍不留意就可能受伤，以前是全靠蛮力。那时分班、排、连，军事化管理，我们挖隧洞，跟挖煤是一样的，隧洞里面空气少，安全员先进去检查完毕之后我们再进去，弄完之后，下一批再来安全员又进去检查。打到中间，还要去拿木头撑着，不然怕塌方，确实不容易。我们也是两班倒，从早上八点搞到下午四点钟、五点钟就有人来接班了。我们当时住在坡上搭建的工棚，自己建的，石头砌的石墙房，弄好上面就是房子，男女是分开的，中间是工棚的通道，女娃娃睡半边，男娃娃睡半边，下雨的时候工棚还漏雨，漏到你的位置或者拿盆接着，或者拿别的什么东西来堵上，尤其冬天被子多就多盖一点儿，不然就忍着寒冷，等着上班热和一点儿。

打饭要排队，用秤来称，粮食是限定的，不能让你多吃，有熟人，可以悄悄地多打一点儿，没有熟人就没办法。饿了就去找吃的，那一段时间很艰苦，其他的连队都能吃上大米和白面，我们这里是五谷杂粮。当然喂

猪就是食堂喂猪，排长、指导员过年要分，当然多少拿一点儿到食堂来。工地上也有妇女，可能要占30%，还不算多，那个时候要抽出部分人去。像我们芦荻村就是男的多，女的少，只要你能够出去，你就是全劳动，全劳动就是10分，女的也是跟我们一模一样的，三个两个地跟着去铲沙，都是有劳动的。工地上谈恋爱的也有，大家都合意的话，谈一下，工作是工作，找个朋友回家把婚结了就能够过日子。工地上都是青年人，男男女女在一起难免擦出火花。

在工地上有个医务接待室，伤风感冒或是受伤，出个证明，就可以去免费治疗，死人倒是没有见到，安全工作做得比较到位，像我这几颗牙齿是在部队看电影的时候，因为翻窗户被部队站岗人员打落了，随后把我送到医院，我心中也是明白的。后来我们石板政府去找他们，就免费治疗了。想到现在政策好、条件好，算来算去都算不到有这么一天，太幸福了，还是感谢政府。工地上基本没有什么娱乐休闲的活动，除了看电影，就是唱歌，对个山歌，谈个对象，没有其他的什么娱乐了，现在呢？看电视我有手机，看新闻我也有手机，不看新闻就是麻将、打牌呀这些，那时候工地上是不可能的。有时我们也有劳动竞赛，评一评劳动进度，比方说，今天你们这个班做得如何，这个月的进度又是如何，干得好的就有什么奖品，多少要给点儿，发点儿笔记本呀、发点儿纪念品，就是这样的。

口述人：吴培论　男，1953年生，贵州省花溪区石板镇芦荻村务农

采访时间：2018年5月6日

我们属于十八连，负责打隧洞，打洞是用传统工具来做，用人工打，泥石用小板车拖出来，那时候我们生产队和大队是抽签选人修建这个水库，一个组抽几个去修建水库。我们在工地上劳动，但在生产队也挂工分，做一天就是十分，不做就是旷工。生活条件差，吃的是南瓜，还有菜油，一两百个人最多一次放两杯菜油，不是猪油，生活是非常艰苦的。那时候，每个连队都有食堂，专门有人做饭，但是吃不起其他菜，专门买老南瓜来吃，有时也吃米饭，一天吃三顿饭，早上有时吃面条，有时候食堂没有吃的那就不吃了。因为没有油盐，你吃下去也起不到什么作用。坝子有食堂卖包子，但有熟人才能买到包子。有上夜班的，有上中班的，我们班有施工员，还有安全员。打洞时，那些石头轰的一下子垮下来，打中一位女的。我们马上扛着她，那时候没有车，就在路上招手，拦着解放军的

一辆大卡车送到医院去，其他一些擦伤都是在工地上简单处理下。

我们住在山坡上，用石板来盖房，然后留一道门，实际不是什么门，棉絮堵上一个架子而已，打通铺睡在地上，基本不漏雨，要是漏雨了就用石板盖上。工地上分工也是明确的，那时候挖洞的就是挖洞的，铲沙的就是铲沙的，打混凝土的就是打混凝土的。我们是专打洞，用大锤一锤一锤地打，打洞是两边夹攻，有时候锤会打着手，我们的手都是被打烂的，你看看我的手，受了多次伤，根本就没有像现在一样的机械，全都是靠人工打的。工地上只有一个医务所，医生主要就是来包扎一下，也不懂什么，感冒就给你开点儿药，其他问题解决不了就送到花溪人民医院。那时候各方面都落后，条件很差，交通也很差，现在经济发达了，我们国家已经变富裕了，还可以每家都有一辆小车开，以前连自行车都买不起。

为了鼓励大家赶工期，有时也进行劳动比赛、评比比赛，看谁速度快、质量好，然后表扬他们，要他们积极奋斗下去，其他的物质奖励基本没有。我们那时候只有锄头、镐刀、洋铲，一个小板车，两三辆手板车换来换去地推，大锤、钢钎，根本就没有什么风钻。工作是两班倒，上夜班就白天睡觉。女民工是从各个村来的，她们也跟着打炮眼、挖泥巴、铲沙子，很辛苦，一样的上班，一样的劳动。说实话以前跟现在不一样，现在吃得卫生还爱生病，以前身体好，不爱生病，随便你吃什么，都不会生病，我现在病多得很，有糖尿病、胃炎、胆囊炎，还有脂肪肝。

工地晚上也有电影看，我们十八连好像还搞文艺活动，晚上去唱啊，跳啊，这些都是娱乐一下。工程在水利二处设了指挥部，也有一个医务室，指挥部主要负责一些人员的调动。也有特殊情况不想干的，有的生病，干不了，有的家里有特殊情况，我在那里干了两三年，干一天，打一个考勤，考勤拿回来给生产队挂工分。这个工程质量好，像我们连是打隧道，其他连是浇混凝土，浇大坝，有一些在坡上推碎石，筑水泥，推碎石的有一些不小心受伤的。工地也有安全员，还有专门搞质量合格检查的，我看他们还背个仪器去量。

工地上实行军事化管理，要求行动战斗化、组织军事化、生活集体化，按照班、排、连等建制组织起来。班长主要是执行连队指导员下达的命令，今天哪个班上中班或者上夜班，负责安排任务，就是安排督导，指导员和连长都要干活，班长分的是20个人一个班打隧洞或者打石头。有的专门安排生活，有的专门安排工作，连队就一个食堂，有喂猪的，用剩下的饭和菜叶来给猪吃，最后自己杀了吃。那时候喂猪跟现在不一样，那时候猪长得慢，最多也就200斤。我只记得我们连队喂了两头猪，才一年就没喂了，主要原因就是劳动力紧缺，工期也比较紧。

当时心里想的就是这个水坝赶快完成，起码粮田灌溉有保障了。修完水库后过了段时间就实行了分田到户，大家的生活慢慢好起来了，年轻人也读得起书了，因为不操心了。当时我才二十一二岁，还没有我的大女儿，如今大女儿已经40多岁了。

团结水库回忆片段

团结水库位于余庆县西南白泥镇境内，距离县城5.3公里，大坝为砌石溢流拱坝，高37.4米，总库容1730万立方米，有效库容860万立方米。干渠2条、支渠3条，总长25.94公里。当时设计灌溉面积1.2万亩，由遵义地区和余庆县水电局负责勘测设计，余庆县负责组织施工，施工中鉴于坝基的复杂地貌环境，采取了深挖截流槽防渗、回填混凝土扩基等处理措施，大坝于1975年10月至1978年1月建成，历时将近3年。水库建成后在抗旱防洪和灌溉等方面发挥了良好的经济和社会效益。

口述人：杨胜仙　女，1956年生，贵州省余庆县白泥镇明星村务农

采访时间：2018年5月11日

修这个水库，我们就是去打工，每个生产队去两个女孩，我们生产队一个是朱文萍，另一个就是我，当时说要挑个老实的，然后就选中我们了。工地上女的也是比较多的，大家住在简易的工棚里。至于做活，各种活都有，挑土、筛沙、拉车、做饭等，我们当时是打炮眼，要自己放炮，开始不懂，学了一段时间也会了。后来又喊我们淘沙、洗碎石。我们在那边基本上工作了两年的时间，一天一个人淘沙一方半，反正挑泥巴也挑一方半，根据力量给工分，一般女工就8分的样子。至于挖土，要挑一方半，做不完就要继续做下去，不是一个人做，一个连队分了个组。那时条件艰苦，三角钱一个工，还说得过去，我们做得好，比其他连队多点儿。吃的是玉米饭，菜也是有吃的，一顿一个菜，没看到肉，做了一段时间，又催我们去做饭，后来煮饭煮了一段时间也就回家了。

男民工住的地方与我们有一定距离，一个星期到了要回家换衣服就请

假，请假后放你走，9点前要回来，超过9点就要挨批评，管理很严格。那时候男工欺负我们，领导给我们撑腰，把几个宿舍转一下。工地对谈恋爱管得很严，出了差错父母亲也要找那些领导，所以都得负责。那时候我们气力好，挑一满挑的泥巴也不碍事，做一天活都没问题。下雨还是干活少，一般下雨都有斗篷戴着，万一下大了就去休息。当时都想读书，每晚都要学，有老师专门进来教，每个连队都有尖子生，尖子生也可以帮着教我们。后来去伙食团，做饭洗菜的时候必须清洗干净，这才对得住人。有的伙食团就像洗猪草那样，弄一个坑，将菜全部倒进去，冷了后，就摇两下，没怎么洗，给人打饭时，看谁好点儿，就多打一点儿，从中间舀，不管多少只按半斤算，看不顺眼的，就从边上舀。这边的饭不怎么好吃，管你多少人，管你吃饱还是吃不饱，喂猪专门有个老婆婆喂。

口述人：陈学志　男，1953年生，贵州省余庆县白泥镇明星村务农

采访时间：2018年5月11日

当初我们修团结水库，是1975年，当时只要调皮捣蛋的就把你拉上去修水库。记得那个时候修水库，是为人民群众好，为了灌溉万亩农田。我们这里各个区，太平、松烟那些外边的区都来推车施工，车拉石头，从坡上用人力拉过去。我在工地两三个月，主要是打料石，那个石头也不是很大，一个人打，一个人搬。拿个手锤，一锤锤地打，叮叮当当的，石头渣飞得到处是，不小心就会伤到人，我当时把眼睛打出血了，直到现在一只眼睛都看不见。水库修建到中途，我就被调去看工地了。看了大半年的工地，我带了一年半的工伤，反正一点儿都没做。

我们打料石，出现这种情况任何人都预防不了。当时我20岁，已经结婚了。国家对我们还是很好的，给我办了残疾证，每个月拿300块钱。当时我们按照班、排、连的建制管理，我们是明星连。住在村民家里或者搭一个工棚，山上搭了个工棚是躲炮的，也可以休息。中午休息吃饭，饭送到山上去，下面的地方叫冷水，在那里搭了些工棚，很多人住在那里，生活条件不怎么样，就是有个休息的地方而已。有的离家近，收工后就回家了，住工棚的都是离家远的，他们自己带着铺盖和衣服。

那个时候工地上的生活差得很，食用油还是有的，但是不多，每个星期打一次牙祭，也就是吃一次肉，就是这个情况。反正玉米饭、洋芋饭都吃过，也算不错的了，到后来就没有啥吃的了，勒紧裤腰带。工地上，国

庆节、元旦这些节日每个人有半斤酒，叫节气喝酒。谈酒量，年轻的时候我当然行，现在不行啦，那个时候说实话能喝 1 斤酒。工地休息时间，中午在工地上搭个工棚，你喜欢坐就坐，大家吹吹牛，喜欢打扑克就打扑克。那时候都是打着玩，就是放松，图个乐，沟通交流。工地上也有政治学习的任务，主要学习毛主席语录。那个时候是真的不容易。当时完全用人工拉石头，拖拉机很少，基本就是肩背人挑，把肩上的肉都勒红勒破了，但还必须做，不然就没有饭吃，那个时候大家都是年轻人，也有力气。一般调皮捣蛋的就安排去修水库，听话的就在家里忙农活，队长安排你干什么就干什么。连长今天安排你去打杂工你就去打杂工，叫你去凿石头，你就去凿石头。工地上的指导员一般管生活和思想，其他都是连长说的算。那个时候讲政治，如果有人犯了错误，一般情况就是偷鸡摸狗，这个需要政治教育。那个时候的生活确实艰难，每顿饭都不够吃的。现在一年的米，四年都吃不完，主要是国家政策好。

口述人：何永祥　男，1955 年生，贵州省余庆县白泥镇明星村务农

采访时间：2018 年 5 月 11 日

我去的时候是在火药厂，那是个食品站的养猪场，工人们背着被子在那里住宿，后来又搬到冷水游家河（音译）去住，在游家河（音译）住了段时间又搬到冷水的一个寨子上住，在那里开沙，抬石头，各种各样的活都在做，饭的话就是每天早上、中午吃，从食堂挑到工地上去吃，吃完休息一个多小时又开始做。那时候的生活都是集体吃，每个人带 100 斤粮食，国家补贴 3 毛钱的菜，确实很艰苦，几十个人一起吃，不像一家人吃那样，没有油水，就是把油煎好，盛出油，煮一锅白菜放在水桶里，再把油撒到表面，搅拌一下就可以了。那个时候都是人工拉石头，车子都很少，后来这个水库坝基做完了，我们就去修渡槽，每个队会有几个人去，比如，我们队就有 10 个，其他队有七八个，为了粮田改造，因为没有水来供应，于是大家修了这个团结水库，用来灌溉粮田，每个人都分配了任务，只要你完成了这个任务，你就自由了。由于家庭条件艰苦，每天完成了任务，我还要去山上砍柴回家，因为父母亲都老了。那个时候无论工地还是家里，生活都一样，都是集体，只是有时候在工地上还会打打牙祭，买个猪啊、牛啊来杀，劳动一天总共四五毛钱，6 毛就是最多的了。

我们开始的时候是 3 个连队，大连、桥寨和民新（音译）三个大队合

成一个连，后来就分开了，各属各的连队，各个连队都有连长，连长主要是带班、开会，传达上面的政策，也和我们一起干活，我们连长能力很强，好多人都干不过他，他现在可能80多岁了，修团结水库那时我们才20岁左右，有两三两的饭票，吃多少打多少，每个连队都有食堂，饭菜一般，一天3毛的菜，有什么好吃的。国家规定每个工人完成任务，就像我们打料石，开始是3分打一个鹅石，两三百斤，后来加到6分，再加到每个工人完成大概550斤的鹅石，完成了你就有3毛钱的国家补贴金，厨房的炊事员、采购员和我们一样，那时候没什么特殊化，多就多吃点儿，都是一回事。饭也够吃，觉得少了就多打点儿，多了就少打点儿，没有规定的，过节的时候会打牙祭，没有养猪的就买一个猪来杀，剩菜剩饭或者不要的菜叶就用来喂猪，还有米汤，有些连队任务没有完成，拿不到3毛钱的饭票，就用米汤泡饭吃，就是说粮食分得比较少，粮票领得多生活就好一点儿，领得少生活就差一点儿。

我们那个时候没有逃跑的，回家还是要干活，时间也长，不像在工地上，只要你把工作完成了，不管什么时候都可以休息，那个时候工作量还算大的，反正每个人都要完成任务，你完不成的话，连队一个月的菜补贴就很少，粮食也少。我们一个月有时候甚至超过了工作任务，比如，一个月完成30天的活，我们有时候干35天的活，超额完成我们就会多得粮食，一个队有超额完成任务最高的人，反正你要跟随最高的人走。当时在工地上盖有工棚，就在那里休息，工棚是大家一起帮忙修建的，盖的茅草，太阳大的时候就在那里吃饭，放炮时在那里躲炮。对于冬天来说，我们搞劳动的，只要劳动起来就不冷了，工地上的工棚都是临时的，下班都是回自己家。开始一段时间说不准回家，河坝上有一个养猪场，安排在那里睡，每天早上都安排一个人吹号，站在山头上吹。一吹号大家都起床洗脸刷牙，吃完饭就上工地。开始的时候我们还要跑步，跑完回来就去上班，后没就没有跑步了，就是每天有个人吹号，告诉大家什么时候起床，什么时候下班，什么时候吃饭。

对于受伤问题，工伤都会医治。我们队就有一个，治好了现在就有低保。我们有安全员，打炮时，哨子一吹，就赶紧躲起来。休息的时候没有娱乐，中午饭吃了在工棚里坐一会儿，一吹哨就上班了。回家也是一样，吃完饭，该忙什么忙什么，那时候没有电视，有时候看看电影。家里面会有人干活，我们从工地上回来，砍一些柴火，父母亲也老了，那时候有煤，但烧不起，都是烧柴火，有时间就去砍回来。工地上有党员，但党员很少，一个连队都没有几个党员，我们这个连队有一个是你们采访过的杨队长，还有一个 80 多岁了，是一个副连长。好些是从抗美援朝回来的，他们是军人，有的是党团员，大家起带头作用，就是说完成的任务和干的活要比别人快和多。

对于开凿石头，石头是在山上，人工打炮眼，放炮，用钢钎、铁锤锤一下钢钎就转一下。对于钢钎，如果技术不好，转得不好，炮眼就打不下去，要慢慢地转，要转得均匀。打下去的时候就放炸药，把石头炸松，但是炸药不能放太多，放多了把石头炸碎了就不成块了，松了之后用钢钎把它撬起来，撬下来之后专门打料石。打料石的有一个小锤和簪子，那个时候每一个连都有一个石匠师傅，开始打料石的时候每人发一个簪子和尺子，用来测量。每个连都有一个收方员，用尺子横竖量，看做得合不合格。料石打在坝基上的时候，每天都有板车拉到团结水库去，那个也相当费力，要爬坡的，本来车子就少，后来不知道从哪里调来一辆大车，我们就帮忙装车，这样速度稍微快一些，不过那个时候打人海战，工地上都是人，女工也特别多，可能有 100 多名女工，她们专门在河坝里用筛子筛沙子，有规定的，晒完就检查，然后拉到坝基上，质量要求相当严格。我和我爱人就是在工地上认识的，后来经人介绍就在一起了，那个时候管得很严，男民兵不能去女民兵那里，去了被抓住就要被处理，在工地上说坏话、牛话，都要被拉去批评教育，好多女民兵下午收工都要回家的，就有几个负责做饭的在工地上住。

口述人：吴祖成　男，1946 年生，贵州省余庆县白泥镇明星村务农

采访时间：2018 年 5 月 11 日

修这个水库，我们不是第一批去的，我是第二批还是第三批，现在不记得了。因为那时是集体开工分，大家都是为了挣工分。在水库工地上干完了回队里，根据工分分红。那时候的报酬就是开工分，还有半斤米的补助，三角钱的菜薪。工地上有食堂，我们明星（音译）大队吃的是冷水（音译）食堂。我们是在坡塘开岩石，敖溪、松烟那边的人是拉车。那时候拖拉机很少，基本都是肩扛人背，条件差。记得工地上有一台拖拉机，姓唐的驾驶，后来第二年用车子的要多点儿了，所以，尽是用劳力去拉，

用小推车运，工地施工条件艰苦得很。工地上受伤的人也有，比如，从开采岩石的悬崖上摔下来或从拉岩石的车上摔下来的，刮伤的、磕伤的、放炮被石头打伤的等，至于伤者的名字，我记不清了，好像是江北的，我们大队参与工地施工的没有受工伤的，我们安全保护做的还是可以的。

我在工地上主要负责打料石，放炮以后就把岩石炸碎了，然后要把这些石头打成小方块，用推车或者拉车拉到另一个地方才可以砌。这个又要打得好又要打得方，是个技术活，当时工地上有一些老师傅，他们负责这些石块的打磨。现在虽然用水泥砂浆，还是要用到这个石头。敖溪、松烟那边的人用汽轮车拉，人力车拉也是苦得很，不像现在条件好，可以机械化。有时为了在规定的时间完成任务，上面就调我们去搞突击，成立突击队，像清基角都是我们去的。所谓突击队，就是为超额完成任务、赶工程进度或者完成艰苦的工作而组建的，都是年轻人，干的活很重、很辛苦，后面会发一些奖状或者多记点儿工分。

领着我们干活的连长是杨秀松，现在也八十多了，挺严厉的一个人。记得工地上有个指挥部，下面分成班、排、连军事化管理。我们一个连队一个食堂，吃的也简单，洋芋、蔬菜等，一般也就两顿饭，吃饱吃不饱就那样，当然打牙祭的时候还是有的，一般要逢年过节吃点儿肉、蛋。杨秀松主要负责人工和监督工作，就是他要求每天要完成多少任务，要完成几车石头，要开出多少方石头出来。假如你有困难，比如，手被敲到了，马上报告给他，他就立刻送你到医院去治疗。工地上有医务室，就是个简易的工棚，有感冒头疼药和消炎药等，大的工伤要去县城，我大体就记得这么多了。

口述人：邓德义　男，1946 年生，贵州省余庆县白泥镇明星村务农

采访时间：2018 年 5 月 11 日

我从 1974 年就开始修沟，之后修坝基。我是队里抽调去的，那是任务性地抽调，不去不行。去修的人是生产队上开工分，不同生产队负责不同的施工任务，我们这里杨秀松是连长，专门负责放炮，比较熟悉，会放不同的炮，尤其瓜子炮（音译），里大口小，威力大，他们打一个炮眼，我可以打三个，效率很高。那时候设备落后，没有什么先进的东西，如果导火索不燃烧了，就拿竹筒，把导火线从竹子里拉出来，现在想想还是挺危险的。我们当时住在坝基上的，就在人家屋里住，和他们互不打扰，团结

水库边上住着，工地上的外地人，他们搭建一些工棚，都是像这样住的。工地上每个连队都有食堂，做工的人都吃食堂，都是集体吃饭，饭菜不是很好，一天吃三顿，我这个饭量小的都吃不饱，当时国家还有补助的半斤。工地上分工比较明确，打石头的，开山采石的，各有各的补助，根据你打的数量补。

当时工程大，劳动量也大，松烟都过来人了，全县调劳动力来这儿，就按人口来定人。比如，这个生产队有300个人，那就抽30个，集体开工分。一个连队统一有一个指挥长和副指挥长，两人一些事情观点不合就吵架。指挥长杨书记是最贴心的，检查工地也很认真，走下来一根一根地查看。工地三班倒，早上放一批上班，吃中午饭后下午再放一批上工。工地上基本没发生过伤亡事件，除了两拨人打架，自己打伤的。有一个卫生室，里面有两三名医生，负责治疗一些小伤和感冒。这么大的水库，当时党员起到了模范带头作用，还有团员，都是真心做活的。工地规定工作任务，一天一个人要做多少都是有数的。当时还有专门的突击队，这个突击队是农忙回来做活，农闲上去突击。工地没有工资，谁都没有工资，集体开工分。逃跑的没有，偷懒的有，散工才偷得到懒，有具体任务的偷不了懒，完不成任务就没有补助，散工就是那种需要打铁的，这种盯不到，比较灵活。

为了赶工期，老连队和新连队也有劳动比赛，就是看哪个先完成哪个就有奖，奖大米、杯子、锦旗，不是直接发钱，那时候精神奖励更重要。老连队就是我这种长期在上面干的，新连队就是农闲的时候上去的。我的脚被炮打到了，但还是忍着痛继续做。当时吃得差，菜里也没有油水，一勺菜油一两百个人吃，太少了。工地上妇女也有的，她们只有煮饭以及比较轻松的活。工地上没什么休息，没什么娱乐，休息的时候累得不想动。团结水库修起来还是有很多好处的，比如，灌溉和现在的用水，如今好多了，周围是万亩良田，粮食增产了。

口述人：许隆胜　男，1936年生，贵州省余庆县白泥镇上里居许家坝组务农

采访时间：2018年5月11日

记得当时省里来了个书记，他来我们余庆看了之后确定要建这个团结水库，然后测量团结水库需要的占地面积，刚开始测的那个地形不行，之

后又来测，最终选择在开始测量的地方的下面修。水库动工之后，敖溪、松烟、太平等五个区的人都来了，那时候都是人工，人工用车拉、扁担挑，没有汽车，没有机械化！这个路也不是很好走，后面重新修了路，当时很多区都来人帮助，所以改名成团结水库。记得当时一天补助半斤粮，总的生活费是一个人一天3角钱，国家拿一半，村上拿一半。工地上都是集体记工分，不管是我们生产队还是敖溪、龙溪来的都一样，工作一天，记一天工分。干一天就是8个小时，但是白天和晚上是错开的，有些晚上还要加班，然后第二天白天就回来休息，时间还是有点儿紧张，毕竟也是赶工期。

我们按连、排、班的建制组建，每个人都有班排，分工也不一样，我主要搞电焊，有打料石的、有挖土的、有抬石头的，我们都属于技术工种。材料是材料组从余庆采购来的。在工地上干久了，上级就组织放电影，都是一些老片子，鼓舞士气的影片，除此之外哪里有时间搞其他的娱乐活动。总体上，水库修起来对我们还是有好处的，原先干旱的时候，水是最为珍贵的东西，很多人从很远的地方跑来挑水，现在田地有水灌溉了，老百姓也有水喝了，大旱来的时候就不怕了。

口述人：凯其华 男，1957年生，贵州省余庆县白泥镇上里居许家坝组务农

采访时间：2018年5月11日

那时候修工程我才14岁，由于家里有9个姐妹，读不起书，所以来这里干活。我一来就修路，那时候没有车，就用胶轮车拉，也没有拖拉机，不像现在。等我们把路修通了，我们又去盖工棚，因为工人要有个躲雨的地方，于是砍树枝，割茅草，找油布。把工棚盖好后，我们就去挖基角，都是用人工挑沙子，沙子要不停地挖，一停水又起来，要用很大的管子不停地抽。沙子不好淘，淘不动，就慢慢淘。

我家距离工地有点儿远，早上6点左右开始走的话，大约要走3个小时，一个来回要6个小时，苦得很。工地上很多活我都做过，修路、盖工棚、推车，反正让干啥就干啥，那个时候都是劳力，报酬少得很，一般一天3角钱，像背木料80斤算一个工，背超了就多给你算，我有时都记40天的工。有时候工地上也有比赛，就是看谁干的活多，谁的效率高，反正也没有什么娱乐活动，就是干活了。

岩鹰山水库征战记

岩鹰山水库是贵州省内砌石拱坝的典型代表，工程位于修文县境内，于 1972 年 1 月开始施工清理坝基，同年 10 月 7 日全部完工，在“农业学大寨”的号召下用了 250 天即建成。大坝高 56 米，坝顶弧长 158.4 米，宽 5 米，总库容 930 万立方米，有干渠 1 条，长 19.2 公里，支渠 10 条共长 84.2 公里，隧洞 17 座共长 2566 米，渡槽 10 座共长 749 米，石砌暗渠 64 处共长 4278 米。工程量大且艰巨，当时设计灌溉面积 2 万亩，实际灌溉 1.59 万亩，有电管站 10 座。该工程曾获 1978 年全国和全省科学大会奖。

口述人：何发望　男，1952 年生，贵州省修文县万兴村龙洞湾组务农

采访时间：2018 年 4 月 21 日

开始去修水库的时候，我们是生产队抽调去的，自己带着工具和铺盖等，生产队记工分，我们每月交 25 斤粮食，交苞谷或者米，伙食团拿饭票给我们。我们主要在工地上抬石头，两个人抬一块或者三四个人抬一块。石头用炸药开采，开采后我们负责抬到打磨的地方，将其打磨成形。工期紧张，有些时候要干 24 小时，困的时候，端起碗，筷子都要落地。工地分工比较明确，按照班、排、连组织起来，实行军事化管理，叫行动战斗化、组织军事化、生活集体化。那时候没有机械化，主要靠人力，抬石头也是力气活，现在年轻人肯定抬不动，但当时我们有干劲，有力气，用绳子绑着石头抬，从下面抬到上面，把石头抬上去放好按好，用灰浆灌紧，拿钎子摇紧，摇不紧的要返工。石头不打磨，但两边都要打磨出纹路。有时候上面检查工作说灰浆没灌紧，铜钎一插，那石头“嘭、嘭、嘭”地响，就没灌紧，“坨、坨、坨”地响，那就灌紧了，灌紧了就不返工了，没灌紧的就返工。

水库上还是比较重视安全的，但条件比较落后，受伤现象时有发生。工地上的卫生员有年轻小伙，也有有经验的老医生，一般三四位医生，有时背着药箱工地上进行巡逻，受伤了就给你包扎，当然小病小伤可以，大病大伤不行。那时生活都不算好，在上面修水库还算可以，修水库辛苦，需要补充体力。工地有时会杀猪吃，在食堂里面杀，就是打牙祭，改善下生活。至于多长时间有肉吃就不一定，有时几个星期，有时两三天，是到外面买的猪，不是工地自己养的。我们一天吃三餐，吃两餐遭不住，基本

能吃饱，当时晚上加班还有加班消夜，张政委很关心大家。没粮食，张政委想办法给大家弄粮食，他希望把水库抓紧修起来。工地上人很多，男男女女，女工在工地上主要掏石头、捡石头、排沙，和男工差不多，从土坝、石坝、水渠、隧道一路干的。女工的工分和男工相差不大，一个劳动力的工分，男劳动力十分，女工低不到多少，都说妇女能顶半边天，她们也有她们的干法。

工地生活枯燥，基本没有娱乐活动，只有开工典礼那会儿热闹得很，开会都是人，张政委讲了一些修水库对大家好、对粮食好的话，给大家打气。当时，大家都愿意被抽调去修坝，去了有安排，有统一住宿，我们整个修文县都参加了，别的县也是这样。冬天不算冷，冷了也可以做工，穿厚点儿。抬石头，有时也不认识和你一起抬的人，只要是一个班的都认识，轮流也可以，不轮流也可以，中间没休息，只有吃饭的时候休息一两个小时，安全培训就是一个班一个班地讲，下去要把安全注意好。水库质量还是可以的，像石坝后面灌了好几次浆，现在一滴水都没漏，灌浆就是填漏，哪里有缝隙，就灌浆填上。石坝后面还有个拱坝，这个拱坝中有两米的隔水墙，隔水墙都是用钢筋混凝土打起来，质量好得很，现在这个水库农业用水对农民还是有帮助的。

口述人：何吉富　男，1945 年生，贵州省修文县万兴村龙洞湾组务农

采访时间：2018 年 4 月 21 日

当时公社里每个生产队都要派出很多社员群众去岩鹰山修石坝，我是排长。记得当时还进行了宣传，说修这个水库对老百姓有什么好处，用广播、刷标语等，有的还挨家挨户宣传，比如，对坝下面的村来讲饮水方便了，灌溉用水也便利了，后面进行水的治理也就方便了，等等。我们这个队里面我是去得较早的，那时候白天和晚上都要做活，晚上没有电，用柴油灯比较费油，也照得不是太亮，那时就开着汽灯做活。工地上分工是比较明确的，当时我们是先打洞，就是用炸药炸，下面很宽，就一排一排地打。我是当班长的，时刻嘱咐大家要注意安全。从岩鹰山脚放炮，放完炮后大家就去把石头运出去，那些大块石头要进行打磨。那时候打的石头是人工抬，三五个人抬一块，齐声喊起号子，把石头抬到坝上让民工打磨。吃饭都是在食堂里面，一般一个连一个食堂，到处都是伙食堂。那段时间生活还可以，特别热闹，大家凑在一起说笑。一个是上边领导指挥我们，

注意安全，不要打歪，方向要一致。在上班时间要注意安全，不能乱搞，就照着上边领导讲的做，在我们这里没有出过任何事，大小事故都没有出过。

打隧洞是苦力活，稍有不慎就会出问题，尤其越到里面空气越稀薄，呼吸就很困难，虽然有鼓风机，但是也不怎么起作用，我们是轮班进出，两边同时打。要照着它的标准，因为有技术人员指挥。在这个洞里面一定要注意安全，石块也好，上层的石料也好，特别要注意。但在我们打穿隧道以后，都没有出任何事。我们一个班 12 个人，打炮眼的打炮眼，抬石头的抬石头，拖车的拖车，分几个项目来做。我们的职责是领导怎样指挥就怎样做。那段时间非常艰苦，没有穿过很好的衣裳，都是烂衣服。一天到晚都在打，几个人白天打，几个人晚上打。那个时候的伙食就是煮什么吃什么，一天两顿饭，基本能吃得饱，主要是吃肉、蔬菜这些，有专人负责做饭采购。当时县长，安排每个食堂两个星期或者一个星期打次牙祭，生活还可以。

我们家距工地不远，就回家住，休息以后换班就回来吃饭，吃完饭就去工地继续做。那时候，家里面生活差，工地上要好些。张县长安排的伙食在当时还是好的，只是我们在家里面住得差点儿。工地上都是农民工，民工要吃饱才有劲。但是家里的条件虽然一般，也比以前的生活好多了。当然工地施工安全也很重要，伤亡事故还是有的，但是很少。工地有医院但是距离远，受重伤了以后就送到医院，其他如放炮、抬石头也会受伤，尤其处理哑炮的时候要十分小心。那个时候大家都在工作，都要按时完成任务，除了吃饭就是做活，还是比较枯燥的，基本没有娱乐，也就有时放个电影给大家看。工地上全部是男劳力，没有妇女，那时候妇女都在生产队干集体活，那段时间主要拿点儿工分，男的十分，女的八分。民工组成一个组，或 30 个或 20 个，领导也在那里干活。

我们的想法就是修建这个水库很好。对我们来说，虽然不受益，但还是有福的。这个石坝，修的时候有上万人，非常热闹。水库质量非常过关，因为有领导在那里监督，水泥差点儿标号都是不行的，一定要到达标号，当然大坝是不可能没有一点点缝隙的，如果空隙大了，就到处漏水，但是做下来之后，漏水的地方很少。修水库占了这里一些土地，国家补助了每人几十斤粮食。虽然修水库很辛苦，但是整体来说，从大的方向看，利益还是很大的，庄稼有水吃了，看事情要看长远而不是眼前，当然那个时候条件确实是艰难的。

口述人：何吉华　男，1947年生，贵州省修文县万兴村龙洞湾组务农

采访时间：2018年4月21日

我原来去的是七一水库，是张县长在这里举办的，打算一年的时间完工。那个时候是集体，各生产队有受益的就全力以赴。工地上没有机械，比如，沙、水泥、石头的开采都是人工，条件艰苦。那时候打的炮眼都是用锤子敲了，用钢钎打的，拖拉机不像现在这么多。张县长从部队回来时，起码是四五十岁，但是不管再脏再累的活，他就要干出个样子给你看，之后基本上一年多一点儿工程就完工了，只差一些杂七杂八的配套，后面又慢慢搞，前后几年时间才完全弄完。那个时候是集体，生产队的青壮年都非去不可，轮流做工，虽然是人工，进度还是比较快的。不分白天还是晚上，就是你喊十个人或你要给我几个人，必须完成，完不成的，就干好后再休息，完成了明天的工作照样分给你。放炮这种情况是专人负责，工程量大。

我刚从贵阳煤矿回来，正遇上修水库，以生产队为单位，有统一安排，在工地什么都干过，那时候，抬石头挑细沙，用箩筐挑。真正的大石头用车装。没有什么挖掘机，都是人搬人抬，一般工作到天黑，任务完成了才走的了。我们是当地人，其他地方的人都住在我们这里。修水库把有些田淹了，有些人就搬走了，民工就住在老百姓家里。吃饭有集体食堂。两个食堂是集体开饭，饭菜就是点儿萝卜、白菜。生活倒是有点儿艰苦，饭是吃得饱的，那时只要有饭吃就算不错了。

工地上也没有什么娱乐活动，干活一天干到黑，甚至有20个小时不下班的时候，没有心情娱乐，电影是个别的场合会放。工地上也有女孩子参加，比如，挖土方，杂七杂八的，女孩子还是可以做这些活的，当然重活还是男劳力做。工地上有卫生所，因为在工地上容易出现问题，发生伤亡也是有的，这种高强度的工作量，这么大的工程，擦伤、砸伤、扭伤等也时有发生。比如，在放炮的时候，我们这些人都被喊走了，但因为种种原因，炮不响，然后放炮的说等了这么长的时间都没响，要去看，这时候突然响了。稍不注意就会被炸伤，当然这种情况很少发生，一旦发生就该治疗的治疗，实在没办法的，也要有一个说法。

口述人：熊少先　男，1943 年生，贵州省修文县新场村一组务农

采访时间：2018 年 4 月 21 日

岩鹰山水库开始修建的时候，我们是十八连，主要负责修土坝和石坝，先开始修土坝，之后修石坝，工作是按工分计算的。我们属于新场，当时这里还没有多少石匠。我是懂得石匠的活，在没修水库之前，我还当过队长呢，之后去修水库了。石坝开工的时候也是我们打的地基，当时打地基的时候还下着大雨，里面全是泥巴，于是我们就用桶和抽水机抽，但没有抽干净，主要是雨水太大了，有时在打地基的时候还会冒出水来，这可能和地质环境有关吧。等地基打好后，我们就负责打料石，干这个活的人比较多，全县的石匠都过来了，有 300 多位石匠。从打地基到基本完工，用了一年多时间，土坝是先完工的，提前三个月，之后是石坝。那个时候我们这边还是公社，我们社有 30 多个工匠，还有其他地方的石匠也都过来了，负责打料石，有抬的，有削的，还成立了一个打料石的班，专门负责修石坝。那时候石坝刚修到三四米的时候，就在石坝被水淹完的那个地方开过一次万人大会，那天让我上台讲话，我没有文化，张政委就说按照自己所做的实际工作讲就行，于是就讲了一些，挺紧张的。当时我在公社十八连，也是个排长，我们那个排石匠也较多，比较统一，他们听话，每天根据规定打料石，但工作量太大，完不成，最后就说打三块石头就行了。我们这个排基本是青年，还有几个老年人，主要负责杂工，相比其他连队，我们都会超额完成任务。当时还进行比赛，任务完成得好会有口头表扬，至于物质奖励基本没有，因为我们经常是先进，很多的连、排都过来学习我们的经验。打完料石，会有专门的验方员负责验方，之后就有抬料石的人过来抬走，这个是做不了假的，打完一块只要符合要求就被抬走了，甚至每个人打的石头都会刻上他的名字，所以这是硬功夫。

当时我们住在别人家村子里，分开住，自己带着铺盖，早出晚归也不会干扰人家的生活。至于吃，还是比较艰苦，不过指挥长张政委开了国库，这样我们吃的就解决了，不过他也被处罚了，但如果不打开国库，还真修不起这石坝，条件艰苦，饭都吃不饱如何工作呢。我们在工地上有食堂，专门有人负责煮饭做菜，有时还有粥。食堂还喂了好几头猪，基本一个星期杀一头，改善一下伙食，猪吃的粮食就是洗碗的剩菜剩饭，有时候还买点玉米混合着喂，不过很少，人都吃不饱怎么顾着猪吃啊。我们一般

吃三顿饭，晚上加班的时候有消夜，一个星期三天的夜班，每次加两个小时左右，夜班主要抬石头、水泥等。早上6点就起来了，有人吹号子，吃完早餐就要干活了，整天除了干活也没有什么娱乐的活动，一天下来大家都很累，倒头就睡了。关于施工安全，还是有伤亡的，一般就是放炮的时候，有哑炮但人走近就炸了。工地上没有医院，就是简陋的卫生室，受伤就要送到大医院。我们做工也没什么报酬，就是生产队记工，十分一个工，一天就是一个工，之后根据统计分粮食和钱，没多少。工地上有妇女，他们大部分负责修土坝，活相对比较轻，石坝较为艰苦，女的就少了，男女在一起干活管理得很严的，不敢谈恋爱，被抓住要受到处分的。坝修好了，但有漏水的问题，于是就往里面灌浆，经过处理就不漏了。整体上看，那时候很苦，但这个水库修起来确实让周围村庄的庄稼有水灌溉了，粮食产量提高了。

参考文献

一、档案文献

[1] 吕不韦．吕氏春秋［M］．高诱，注．上海：上海古籍出版社，1996.

[2] 云南省地方志编纂委员会．云南省志·卷三十八·水利志［M］．昆明：云南人民出版社，1998.

[3] 贵州省地方志编纂委员会．贵州省志·地理志：下册［M］．贵阳：贵州人民出版社，1988. [4] 贵州省地方志编纂委员会．贵州省志·水利志［M］．北京：方志出版社，1997.

[5] 贵州省防汛抗旱指挥部办公室，贵州省水文水资源局．贵州水旱灾害［M］．贵阳：贵州人民出版社，1999.

[6] 云南省防汛抗旱总指挥部办公室，云南省水文水资源局．云南水旱灾害［M］．昆明：内部资料，1999.

[7] 铜仁地区地方志编纂委员会．铜仁地区志·水利电力志［M］．贵阳：贵州科技出版社，1999.

[8] 楚雄彝族自治州水利水电局．楚雄州水利志［M］．楚雄：内部资料，1996.

[9] 贵州黔西南自治州史志征集编纂委员会．黔西南布依族苗族自治州志·水利水电志［M］．贵阳：贵州人民出版社，1992.

[10] 黔南布依族苗族自治州史志编纂委员会．黔南布依族苗族自治州志·水利电力志［M］．贵阳：贵州人民出版社，2002.

[11] 贵州历史文献研究会．二十四史贵州史料辑录［M］．贵阳：贵

州民族出版社，2001. ［12］《贵州六百年经济史》编辑委员会．贵州六百年经济史［M］. 贵阳：贵州人民出版社，1998.

［13］昆明市水利志编纂委员会．昆明市水利志［M］. 昆明：云南人民出版社，1997.

［14］弥渡县水利志编纂委员会．弥渡县水利志［M］. 成都：成都科技大学出版社，1993. ［15］中共中央文献研究室．建国以来重要文献选编：第十册［M］. 北京：中央文献出版社，1994.

［16］玉溪市水利电力局．玉溪市水利志［M］. 玉溪：内部出版，1987.

［17］农业部农田水利局．水利运动十年 1949—1959［M］. 北京：农业出版社，1960.

［18］水利部农村水利司．新中国农田水利史略（1949—1998）［M］. 北京：中国水利水电出版社，1999.

［19］贵州地方志编纂委员会．贵州省志·粮食志［M］. 贵阳：贵州人民出版社，1992.

［20］习近平．习近平谈治国理政：第二卷［M］. 北京：外文出版社，2017.

［21］昆明市三年水利建设基本总结：1960-12［A］. 昆明：昆明市档案馆藏，26-1-1267. ［22］西南军政委员会关于 1950 年恢复整理小型塘堰工程的指示：1950-12［A］. 安顺：普定县档案馆藏，108-1-1.

［23］贵州省 1953 年兴修小型农田水利工程的方针任务及工作要点：1953［A］. 盘州市：盘县档案馆藏，14-1-2.

［24］贵州省 1955 年全省水利工作会议精神汇报和石阡县 1955 年水利工作任务：1955-03-02［A］. 铜仁：铜仁市档案馆藏，39-1-5.

［25］《贵州省几年来关于兴修群众性农田水利工作所起到的一定作用：1955-02-16［A］. 黔南布依族苗族自治州：独山县档案馆藏，41-2-7.

［26］1958—1962 年水利建设计划：1957-11-19［A］. 贵阳：贵州省档案馆藏，93-1-519. ［27］贵州省去冬今春水利运动发展形势和今后任务的报告（草案）：1958-04-06［A］. 安顺：普定县档案馆藏，108-1-9.

［28］戴晓东副省长在全省水利会议上的讲话：1959-10-10［A］. 贵

阳：贵阳市档案馆藏，173-1-5. ［29］关于今冬明春兴修农田水利的安排方案：1961-11-15［A］. 贵阳：贵阳市档案馆藏，173-1-62.

［30］遵义专区去冬今春农田水利兴修工作的总结（初稿）：1962-07-11［A］. 遵义：遵义市档案馆藏，53-4.

［31］贵州省三十四县（市、区）农田水利普查初步总结：1963-06［A］. 贵阳：贵州省档案馆藏，58-1-2256.

［32］贵州省水轮泵歼灭战第一个战役的工作总结：1965-06［A］. 兴仁市：兴仁县档案馆藏，49-2-11.

［33］刘金焰副厅长在专、州（市）局长会议上的总结发言：1965［A］. 贵阳：贵州省档案馆藏，93-1-2163.

［34］全省水利管理工作会议纪要：1975-04-28［A］. 贵阳：贵州省档案馆藏，40-4-208. ［35］卫自慎同志在全省水利工作会议上的发言：1976-10［A］. 遵义：遵义市档案馆藏，53-19-20. ［36］在全省农村小水电站建设会议上张锐同志的总结讲话：1976-07-15［A］. 安顺：关岭县档案馆藏，42-2-30.

［37］贵州省水利工作会议纪要：1975-09-25［A］. 贵阳：贵阳市档案馆藏，61-10-549. ［38］全州水利、农电管理工作会议总结（草稿）：1973-03-16［A］. 黔东南苗族侗族自治州：黄平县档案馆藏，54-1-47. ［39］全省水利管理工作会议纪要：1975-04-28［A］. 贵阳：贵州省档案馆藏，40-4-208.

二、期刊论文

［1］熊月之. 口述史的价值［J］. 史林，2000（3）.

［2］刘旭光，薛鹤婵. 试论口述档案的价值［J］. 档案学通讯，2007（4）.

［3］石博，熊康宁，李高聪，等. 贵州喀斯特山区农村缺水现状及对策研究：以毕节撒拉溪示范区为例［J］. 人民长江，2014，45（5）.

［4］林俊清. 贵州喀斯特与非喀斯特地貌分布面积及其特征分析［J］. 贵州教育学院学报（自然科学版），2001（4）.

［5］吴志军. 试论1957年冬、1958年春农田水利建设运动［J］. 北京党史，2006（1）.

后　记

人民群众是历史的创造者，口述史作为研究当代历史重要的手段和方法，在当代农田水利建设研究中大有可为。自2008年开始，我对云南农田水利建设产生了浓厚的兴趣，在导师张巨成的引导下重点关注社会主义建设十年期间云南的农田水利，完成了硕士论文撰写，并开展了档案和口述史的搜集工作，至今已有15个年头。2010年来到贵州后，在知名学者欧阳恩良的指导下，研究视角转为新中国成立后贵州的农田水利建设，其间获批教育部青年课题和国家社科基金各1项，为自身的研究工作提供了比较充足的经费支持，也正是在此激励之下开始大规模收集云贵两省农田水利建设的档案和口述史料。

2014年、2015年，为搜集档案史料，我只身一人跑遍了贵州将近30个档案馆，掌握了大量一手档案，当时生活的拮据和档案收集的曲折给我留下了宝贵的人生财富。我的博士生导师黄顺力先生给予我学习上的指导和生活上的关心，让我能够有目标地坚持下去。2018年、2019年，为掌握一线水利民工的口述史料，我背起背包、带着相机和录音笔，着手开展田野口述数据的采集和整理，在贵州的贵阳、遵义、安顺、铜仁、毕节、黔西南、黔南等地，在云南的昆明、曲靖、大理、丽江、楚雄、保山、哈尼、玉溪等地，选取不同历史时期较为典型的水利工程，采访相关老人将近200位，形成采访录音和材料文字。作为北方人的我，对云贵地区的方言理解还是存在障碍，为此我与熟知当地方言的学生和教师又把采访的口述数据进行认真核对。当然，由于老人年事已高且都是普通的农民，存在文化水平低、口齿不清、记忆力下降、思维逻辑混乱等现象，虽然尽可能地进行校对核实，但也难免存在问题，留有些许遗憾。

2022年顺利完成国家社科基金项目的验收工作后，为了让更多的人了解新中国成立后一线水利民工的日常生活和工作的艰辛，我着手联系出版社想把这些民工的口述编辑出版，恰逢光明日报出版社的“博导文库”征稿，我就发了一封邮件碰下运气，结果月余即收到了审核通过的通知，既紧张又难掩兴奋。紧张的是自身才疏学浅，虽是“博导”但与“博导”仍有诸多差距，本书进入“博导文库”出版，给了我极大的鞭策。兴奋的是能让这些普通水利民工的口述历史出现在大家面前，让更多的人了解认知他们。因此，我要感谢光明日报社提供的机会，感谢国家社科基金项目的资助。

此外，感谢在攻读硕士、博士期间帮助我的老师。云南大学张巨成先生思维活跃，探讨启发式的指导将我引进了水利研究的大门；厦门大学黄顺力先生渊博的知识和对人生的态度深深影响了我，使我遇到困难的时候能够从容面对。在攻读博士学位以及后面的工作期间，厦门大学王日根先生给予我很大的启发和指导；在研究云贵两省农田水利的过程中，贵州师范大学欧阳恩良先生以他的工作阅历和渊博学识给予我莫大的帮助，在此我要对他们表示由衷的谢意。另外，要感谢在口述史料搜集整理过程中提供帮助的领导、老师、民工、朋友、同事和学生，没有他们的帮助，我的研究之路注定会更加艰辛难测。

这些年，我在搜集整理档案和口述史料的过程中，非常感谢家人的理解和支持。感谢父母为我求学和婚后的辛苦付出，减轻了我大量生活负担，没有父母的激励我无法坚持到最后，尤其父亲患病之后，母亲一人操劳家务、照顾父亲，满头的银发和充满褶皱的脸让人心疼。感谢妻子为家庭舍弃了本该属于她的教研时间，一心陪伴两个孩子的成长，妻子的“唠叨”成为我塑身的武器。也正是家人的付出、理解和支持才有了我的些许进步，消除了我的后顾之忧，亏欠太多，只能慢慢弥补。最后，尽管自己尽最大努力多次修改，但书中难免存在不少问题，希望得到专家学者和读者的批评。

李安峰

2023年9月20日凌晨于东书院